JN022413

都市防災が

防災リスク管理研究会........編

わかる本

彰国社

編集＝鈴木洋美編集室／ブックデザイン＝新保韻香

はじめに

◉日本は、過去に、地震、火災、台風などに起因する数多くの大災害を経験しており、その都度、それら災害による体験を教訓とし、被害の低減や防止に向けた検討が行われた歴史をもっています。一方で、近年は、少子化、超高齢化、人口密度、地域経済などの社会構造にかかわる変化に伴い、人々の生活環境などが変容し、これまで経験したことのない災害の発生が危惧されています。以前は人々の活用が困難であった空間が、さまざまな技術革新が後押しし、日常的な活用が可能となる一方で、災害時に脆弱さが露呈する例も見られはじめています。

◉世界の国々でも、激甚化した災害が発生しており、豪雨による洪水や広範な森林の火災などの自然災害をはじめとする大災害が発生しています。近年、発生した災害は、これまでの人類の経験からは容易に想像できない規模となる例も見られます。

◉そのような中で、人々が活用するインフラや空間に対する災害対策などにかかわる研究や教育の充実が、社会的要請として求められています。

◉大学などの教育研究機関で対象とする防災に関わる理工学の学問分野は、地震学、気象学、振動学、地盤工学、構造工学、水文学、風工学、防火工学など多岐にわたり、これらは過去の災害の経験などにもとづきながら、先人たちにより学問が体系化されてきました。そして、それら各々の学問の知識にもとづきながら、人々が安全に、安心して暮らせるような社会基盤や建築物がつくられてきました。

◉前述した社会構造などの変化に伴い、災害の発生機構も複雑になり、災害が複合化する例も見られるなど、従来の各々の学問領域の範疇では、十分な検討が困難である課題も顕在化しつつあります。そのような複合化した災害に対し、従来

の学問分野の英知を幅広く結集させ、総合化し、学際的に横断した学問領域を創造しながら、対応していくことが考えられます。将来、起こり得る複合化した未知の災害に対し、従来からある各々の学問分野の知識にもとづきながら総合的・学際的・創造的な学問領域から災害を俯瞰して見ることで、災害のさまざまなリスク事象を理解し、人命や財産に対するリスクを抑制、防止するための基礎的、応用的、実務的な対策の構築に寄与できる可能性を高めることができるはずです。本書が、読者のみなさまの「安全で安心な暮らし」の手助けに少しでもなれば幸いに思います。

………………………………………………………………大宮喜文

目次

II 多様な災害をとらえ対策を立てる

III 災害を逃れ避難する

Ⅳ これから起こる災害にそなえる

おわりに これからの防災に向けて (ディスカッション)

本書の構成

●本書は、建築、土木の専門家が工学、計画の分野の垣根を越えて、都市防災の全体像を把握するための第一歩として、まとめたものです。建築、土木にかかわる学生のみなさんにとってはもちろんのこと、これから都市防災を学ぼうとする建築、土木系以外の学生のみなさんにとっても、都市防災を学ぶ際の入門書として活用できる内容となっています。

●序章では、国内で近年発生した都市災害を振り返るとともに、災害のタイプやスケール、時系列上での変化を概観し、建築・土木の共通の視点から都市防災の分類・整理を試みました。

●Ⅰ章では、地震大国・日本でもっとも影響の大きい地震災害を振り返り、そこから学ぶべきこと、活かすべきことを整理しました。最初に地震発生のメカニズム、地盤・建物の揺れ方等を解説します。続けて、鉄筋コンクリート造、鉄骨造、木造の各建物の被害に与える影響を述べ、さらに、橋梁などの土木構造物、擁壁などの土構造物の被害、液状化を含む地盤被害について概説いたします。

●ここ10年間で、地震災害にとどまらず、とくに地球温暖化に伴う気候変動により多様な自然災害が発生しています。Ⅱ章では、津波災害、水災害、土砂・地盤災害、風災害、火災等の発生メカニズムを解説するとともに、その対応策を通じ、多様な災害を概観します。

●Ⅲ章では、災害から人はどう逃れるのかを計画的な観点から整理し、都市防災を考えます。災害発生時、発生後、復興期に分けて災害と人間のかかわりを避難行動、避難所、仮設住宅の側面から紹介いたします。

●Ⅳ章では、これから起こる災害へのそなえを、工学、計画の両者の観点から説明いたします。最初に構造物の耐震性向上や長寿命化に向けなにをすべきか、つぎに災害発生前のそなえとして、ハザードマップの整備や環境工学的な側面、地域防災の観点から概説いたします。

●最後に、これから都市防災を見据え、建築・土木の枠を超えた防災にかかわる話題をディスカッション形式で取りまとめています。テーマとしては、大学における防災教育や研究のあり方、防災にかかわる技術開発とコスト・経済のとらえ方、そして建築・土木の連携、地域との連携の進め方に分けて議論し、新しい時代の都市防災を考える際のてがかりを提供します。

●都市防災の全体像を把握するためには、建築・土木分野だけではなく、気象、経済、危機管理、医療、看護、経済、ロボット、廃棄物、宇宙、航空など、幅広い領域とのさらなる連携が必要となります。本書が、これから日本の大都市で発生する災害を少しでも軽減することを考えるための入門書として、活用されれば幸いです。（永野）

都市防災とはなにか

自分の家や公共建築などを建てるとき、
防災について、どこまで、どの程度、
考慮に入れておくとよいのだろうか。
豪雨や豪雪、暴風、干天、猛暑、極寒等の気象変動、
地震、火山噴火、出水等の地殻変動、
およびこれらによって引き起こされる
洪水、土石流、地盤崩壊、地盤沈下、
津波、高潮、火災等の天災まである。
さらに爆発、放火、テロ等の
予想もできないことにも耐えるように、
建物の構造や設備、
プラン等を工夫することになる。
しかし、当然、建物レベルだけでは
対処しがたいことがあるのは
過去の災害の発生状況を見れば明らかである。
そこで、自然条件、地域社会等その都市の
固有の状況を踏まえ、
都市レベルや地区レベルから
防災上の諸課題を解決することを基本に、
安全・安心・快適性等に配慮された
総合的に質の高い市街地を実現するために、
災害にどのようにそなえるかの検討が
重要になるのである。
ここでは、人とさまざまなモノが集積した
都市における防災をとらえる際の
基本をまとめてみる。

1 近年の都市災害を振り返る

Keywords▶ 地震、津波、台風、豪雨、火災、噴火

日本の都市を襲う災害

　日本は、その国土の位置する地理的環境から、これまでにさまざまな自然災害に見舞われてきた。地震、津波、台風、竜巻、豪雨、火災、火山噴火、土石流、液状化など、その形態は実に多様であり、引き起こされる被害はときに歴史を変えるほど甚大であった。

　4-5頁❶には、1990年代以降に日本で発生した災害を示している。平均すれば、年に1回程度は、日本のどこかで人命にかかわる災害が発生していることになる。今後もこれらの災害は日本の都市を襲い続けるであろうし、また近年では、地震と豪雨や台風などの複数の災害が時期を置かずに発生するいわゆる複合災害も発生している。以下に、おもに平成以降に日本の都市を襲った災害を振り返る。

地震・津波

　日本列島は、北米プレート、太平洋プレート、フィリピン海プレート、ユーラシアプレートという4枚の硬い岩盤の境界上付近に位置し周囲を海に囲まれていることから、プレートの運動によって生じる地震とそれに伴う津波が頻繁に発生する環境にさらされている。日本が世界でも有数の地震国と言われるゆえんである。

　気象庁のデータベースによれば、震度6弱以上を記録した地震は、2000年1月1日から2021年1月1日までの21年間で53回（震度7が5回、震度6強が14回、震度6弱が34回）である。単純に1年間の平均発生回数を求めてみれば、年に2、3回は日本のどこかの地域が地震によって大きく揺れていることになる。

　また、4、5年に一度は極めて大きな地震が発生しており、例えば1995年兵庫県南部地震や2016年熊本地震では、内陸の活断層で発生した地震動により建物の倒壊被害が多数生じた。また、2011年東北地方太平洋沖地震では津波により甚大な人命被害が生じた。

台風・豪雨

　熱帯の海上で発生・発達した熱帯低気圧のうち、最大風速がおよそ17 m/s以上のものを台風と呼ぶ。近年の平均では、日本には年間約3個の台風が上陸しており、風害や水害、高潮害などのさまざまな被害を引き起こしている。2004年の台風第23号では、広い範囲における大雨により家屋の浸水やがけ崩れ、土石流、高波による堤防損壊などが発生し、多くの人命被害と住家被害をもたらした。

　2018年の西日本豪雨（平成30年7月豪雨）では、西日本を中心とした日本各地で観測記録を更新する大雨となり、河川の氾濫や土砂災害、浸水害などが発生した。多数の死者・行方不明者に加え、ライフラインの被害や交通障害などのさまざまな被害も発生した。

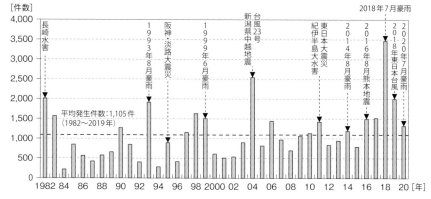

❷─1982〜2020年に発生した土砂災害の件数。
年による差異は大きいが、平均的には1年間で1000件程度発生していることがわかる（国土交通省HPより）

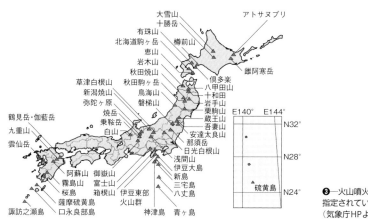

❸─火山噴火予知連絡会によって
指定されている50の活火山
（気象庁HPより）

国土交通省が公表している1982年から2020年までの土砂災害の発生件数（❷）を見ると、年による差は大きいものの、平均すれば年間1,000件以上の土砂災害が発生していることになる。

火災・噴火

建物火災はもっとも身近な災害であり、その一方で歌舞伎町ビルや糸魚川での火災のように、時に大規模な災害に発展することがある。また、地震に伴って発生するいわゆる地震火災は、阪神・淡路大震災や古くは関東大震災において経験したとおり、被害を甚大化させてしまう場合がある。

火山からマグマや火山灰が噴き出す火山噴火も忘れてはならない。日本には現在100を超える活火山があり、時折噴火しては建物や人命に大きな被害をもたらしている（❸）。1991年の雲仙普賢岳の噴火では、大規模な火砕流と土石流により2,500棟を超える甚大な建物被害と多くの人命被害が発生した。

（宮津・永野）

発生年月	災害名（○:地震、△:風水害、□:火災）	死者・行方不明者数
1991年6月	雲仙普賢岳大噴火	43人
1993年1月	○北海道釧路沖地震(M7.5)	2人
1993年7月	○北海道西南沖地震(M7.8)	230人
1995年1月	○阪神・淡路大震災(M7.3)（①、②）	6,437人
2000年10月	○鳥取県西部地震(M7.3)	0
2001年3月	○芸予地震(M6.7)	2人
2001年9月	□歌舞伎町ビル火災	44人
2003年9月	○十勝沖地震(M8.0)	2人
2004年10月	○新潟県中越地震(M6.8)	68人
2004年10月	△台風23号災害	98人
2006年1月	平成18年豪雪	152人
2006年11月	北海道佐呂間町竜巻災害	9人
2007年3月	○能登半島地震(M6.9)	1人
2007年7月	○新潟県中越沖地震(M6.8)	15人
2008年6月	○岩手・宮城内陸地震(M7.2)	23人
2009年7月	△中国・九州北部豪雨・台風9号	63人
2011年3月	○東日本大震災(M9.0)（③、④）	22,288人
2011年8月	△台風12号災害	98人
2012年5月	つくば市竜巻災害（⑤）	1人
2012年7月	△九州北部豪雨災害	33人
2013年10月	△台風26号・伊豆大島土砂災害	43人
2014年8月	△8月豪雨・広島土砂災害	88人
2015年9月	△平成27年9月関東・東北豪雨	8人
2016年4月	○熊本地震(M7.3)（⑥、⑦）	273人
2016年8月	△台風10号・岩泉町水害	29人
2016年12月	□糸魚川大規模火災（⑧）	0
2017年7月	△九州北部豪雨災害（⑨）	44人
2018年6月	○大阪府北部地震(M6.1)	6人
2018年6月〜7月	△西日本豪雨(平成30年7月豪雨)（⑩）	245人
2018年9月	○北海道胆振東部地震(M6.7)	43人
2019年9月	△令和元年房総半島台風	9人
2019年10月	△令和元年東日本台風	121人
2020年7月	△令和2年7月豪雨（⑪）	88人

↑①1995年阪神・淡路大震災での
木造家屋倒壊

↑⑥2016年熊本地震での
木造家屋倒壊

↑⑧2016年糸魚川大規模火災被害

❶—1990年代以降に国内で発生したおもな災害
全国各地でさまざまな災害が発生している

←②1995年阪神・
淡路大震災での
港湾液状化被害

←③2011年
東日本大震災
での
女川津波
被害

④2011年東日本大震災
での浦安液状化被害→

⑤2012年
つくば市竜巻
での建物被害→

←⑦2016年熊本地震
で避難生活

⑨2017年九州北部豪雨
災害でのため池決壊→

⑩2018年
西日本豪雨での
河川決壊
被害→

←⑪令和2年7月豪雨
での球磨川橋梁
流出

（気象庁あるいは消防庁の公開資料にもとづく）

災害の発生場所にみる個別の課題

当然ながら、災害はどこでも同種のものが起きるわけではない。例えば山間部は、地盤災害や土砂災害といった平野部とは異なる特有の問題を抱えており、平野部の防災計画をそのまま適用することはできない。平野部でも、道路や鉄道網の発達具合、大きな河川の有無、都市部と郊外といった条件によって発生する災害の種類は異なる。さらに沿岸部での津波被害は記憶に新しい。

したがってわれわれは、その土地の地形や地理的特徴を、地域住民の生活様式と重ねたうえでとらえておく必要がある。

災害を、実際の地形的特徴と関連させれば、その被害の大きさや範囲をとらえたり、そのエリア特有の災害を視覚的にとらえることができる(❶)。災害へのより精度の高い対応策を立てるうえで不可欠な作業といえよう。

どのようなエリアスケールでとらえるか

地震災害や津波災害、火災など、災害は多岐にわたり、その外力がおよぼすエリアの範囲や対象もそれぞれ異なる。よってわれわれには、災害をある特定のスケールではなく、いってみれば砂粒から建物単体、道路・鉄道・河川、街、都市、国土全体まで横断的・包括的にとらえる視座が不可欠となる。

これは専門分野でとらえれば、建物単体や建物群、街といったスケールに対する建築学的アプローチと、国土や都市という広範囲なエリアをあつかう土木工学的アプローチの融合を意味する(❷)。

複雑化・複合化する昨今の災害に対処するために、また安全・安心で総合的に質の高い環境を構築するために、建築学的・土木工学的視点双方をもって対策をたてる必要がある。したがって本書ではこの点に着目し、防災的観点について、建築学的分野と土木工学的分野で明確に分別していない。むしろ災害別や対策別に、建築学、土木工学それぞれからの知見を横断的融合的に示唆している点が本書の特徴になっている。

災害別にみた発災からの時系列変化

災害の特徴をとらえる重要な視点の一つに、「発災からの時系列的変化」がある(❸)。例えば地震では、発災後、津波・火災が発生したり、場所によっては土地の液状化や土砂崩れといった災害も複合的に発生するかもしれない。別の災害についても見てみよう。水害、例えば大雨により堤防が決壊し、時間とともに徐々に地域が浸水していく可能性も考えられる。したがって災害については、1日の中での時系列的変化をとらえる必要がある。

他方、災害が発生したあと、地域住民の環境についても時系列でとらえることが有効である。例えば発災直後は、学校などのコミュニティ防災拠点(避難所等)や一次避難地に集まることになる。

❶─エリア別に見る災害の発生イメージ（重ねるハザードマップ・J-SHIS・東京都都市整備局等を参照）

凡例：
- 洪水
- 津波
- 液状化
- 火災
- 土砂災害
- 地震(地盤増幅)

地図内ラベル：
帰宅困難 避難生活／木造被害／超高層の室内被害／木造被害／竜巻 道路寸断／火災／洪水／地震／津波／液状化／土砂災害／擁壁被害／津波／津波／高潮 工場・物流施設・石油タンク等の被害・・・／台風 鉄道被害 斜面崩壊

　鉄道や道路網にも大きな変化が訪れる。災害発災時、その程度が大きいほど鉄道網が寸断されたり運休する可能性が高くなる。道路も同様で、特に大都市部では渋滞が起きたり街に帰宅困難者があふれるといったことも起こり得る。よって発災後の住民の生活は、6か月程度のやや長い時間のなかで、変化をとらえる必要があろう。

　このように一つ一つの災害について、短期的・単発的にとらえるだけでは対策を考案することは難しく、ある一定の時間の中で起こりえる現象をとらえておく必要がある。

（垣野）

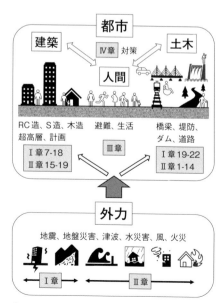

都市
建築　Ⅳ章 対策　土木
人間
RC造、S造、木造　避難、生活　橋梁、堤防、超高層、計画　　　　　　　ダム、道路
Ⅰ章7-18　Ⅲ章　Ⅰ章19-22
Ⅱ章15-19　　　Ⅱ章1-14

外力
地震、地盤災害、津波、水災害、風、火災
Ⅰ章　Ⅱ章

❷─災害による外力が及ぼす範囲

構造物の耐震化・地盤改良
【II-9、IV-1、2、3、4】

津波対策
【II-3、4】

地震

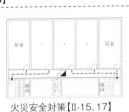
構造モニタリング【IV-5、6】

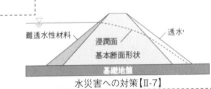
火災安全対策【II-15、17】

火災

水災害への対策【II-7】

水災害

風災害への対策【II-14】

風災害

事前準備

発災

道路状態の観測【III-3】

交通

災害に強い建築・道路
【IV-12、13】

津波避難訓練【IV-18】

避難

事前準備

発災

❸—災害別にみる時系列的変化

地震の発災メカニズム・構造物や地盤などの被害
【I-2、10、13、16、19、20、21、II-8】

津波の発生メカニズム・被害【II-1,2】

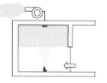

火災フェーズ【II-16】　　火災制圧【II-18】　　火災時の避難【II-19】

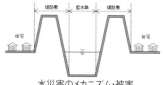

水災害のメカニズム・被害
【II-5、6】

風災害の発生メカニズム・構造物の被害【II-11、12、13】

1日経過

災害時の道路・鉄道【III-1、2】　　ドライバーの行動【III-4】

2週間

6か月

避難生活【III-5、6、7、8】　　応急仮設住宅【III-9、10】

I 地震災害をとらえ理解する

1995年兵庫県南部地震以降、
日本の地震活動が活発になっている。
大地震が発生した場合の犠牲者数は、
他の災害に比べても圧倒的に多いことは
過去の災害史からも明らかである。
地震災害を振り返り、
そこから学ぶべきこと、
活かすべきことを整理することは、
減災を考えるうえで重要となる。
本章では、最初に地震発生のメカニズム、
地盤・建物の揺れ方を解説する。
その後、鉄筋コンクリート造、鉄骨造、
木造の各構造物の被害に与える影響を述べ、
さらに、橋梁などの土木構造物、
擁壁などの土構造物の
被害、液状化を含む
地盤被害について概説する。

Keywords▶ 1923年関東大震災、
1995年阪神・淡路大震災、2011年東日本大震災

国内で発生した被害地震

　国内では建築・土木にかかわらず、構造物の被害等を伴う地震が多く発生している。これらは「被害地震」と呼ばれる。21世紀に入って国内で発生したおもな被害地震の震源位置とマグニチュード(M)を❶に示す。全国的に見れば、ほぼ毎年いずれかの地域で被害地震が発生している。一方、地震によって、建物や人的な被害の傾向は大きく異なる。

3つの大震災

　国内における甚大な被害地震の代表例として、1923年関東地震(M7.9)、1995年兵庫県南部地震(M7.3)、2011年東北地方太平洋沖地震(M9.0)をあげることができる。3つの地震の概要を❷に示す。このときの被害を総称して、それぞれ関東大震災、阪神・淡路大震災、東日本大震災と呼ぶ。これらの地震によって引き起こされた震災について、被害の特徴を以下に示す。

[1]1923年関東大震災－火災被害

　1923年9月1日11時58分に神奈川県西部を震源とする大地震が発生した。相模湾直下に広がる相模トラフ近くのフィリピン海プレート沿いで、海のプレートと陸のプレートがずれたことで生じた海溝型地震であり、M7.9であった。国内では最大規模の建物、人的被害が発生し、関東大震災として知られている。本地震での被害を契機に、国内の耐震

設計に関連する基準が整備されることになる。

　死者・行方不明10万5千余のうち、1万人強は住戸の倒壊によるものであったが、その他の大多数は❸の写真に示すような火災によるものであった。とくに、現在の両国(東京都)に位置する本所被服廠跡地で発生した火災旋風により、そこに避難してきた多数の人々の命が奪われた。

[2]1995年阪神・淡路大震災－震動被害

　1995年1月17日明け方の5時46分に、淡路島北部を震源とする地震が発生した。六甲・淡路島断層帯で発生したM7.3の内陸型地震である。国内で初めて震度7を記録し、揺れによる被害としては最悪なものとなった。神戸市西部地区では大規模火災も発生した。淡路島での被害も含め、阪神・淡路大震災と呼ばれる。死者・行方不明者は6,000人を超え、1923年関東地震以来の大きな被害地震となった。

　地震被害の大きな特徴として、❹に示す神戸市中心部に現れた東西長さ20km、幅1kmほどの領域に甚大な建物被害が集中した「震災の帯」があげられる。六甲山麓で直下の地盤が段差状となっており、市街地側には比較的軟らかい地層が堆積している。ここに、周期約1秒の振幅の大きいパルス状の地震動が入射し、狭い領域で構造物の被害を拡大させる成因となった。

[3]2011年東日本大震災－津波被害

　2011年3月11日14時46分に、東北地方

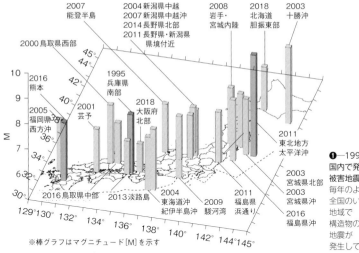

※棒グラフはマグニチュード[M]を示す

❶—1995年以降に
国内で発生したおもな
被害地震
毎年のように、
全国のいずれかの
地域で
構造物の被害を伴う
地震が
発生している

地震	1923年 関東地震	1995年 兵庫県南部地震	2011年 東北地方太平洋沖地震
発生日時	9月1日11:58	1月17日5:46	3月11日14:46
マグニチュード	7.9	7.3	9.0
最大震度	7(推定、神奈川県小田原、他)	7(兵庫県神戸市)	7(宮城県栗原市、他)
死者・行方不明者	105,000	6,437	22,288
主な死因	東京、横浜での大規模火災	地震時の建物崩壊・家具転倒等による圧死・窒息	津波による溺死
被害総額	約50億円	約10兆円	16-25兆円
地震動の特徴	—	パルス性地震動	長周期長時間地震動
震動被害	震源エリア、東京下町を中心に推定震度7	「震災の帯」での壊滅的な被害	東京湾岸部での液状化、長周期建物の被害

❷—大震災を引き起こした被害地震の概要

❸—1923年関東大震災時の本所被服廠跡地で
発生した火災旋風

液状化　　　　建物被害多数　　　　被害なし

被害が大きな領域 ┐
被害が極めて大きな領域 ┘ 震災の帯

❹—1995年阪神・淡路大震災での
神戸市中心部における震災の帯と
場所による被害の違い
「震災の帯」域では建物被害が甚大であったのに対し、
山側では被害が少なく、
海岸側では液状化は発生したものの、
建物の震動被害は少なかった

太平洋沖のプレート境界を震源とする地震が発生した。海溝型地震であり、その規模は極めて大きく、国内観測史上、最大規模となるM9.0を記録した。太平洋プレートの海溝軸より発生した津波により、東日本地域の太平洋沿岸部に位置する市街地は、壊滅的な被害を受けた(❺)。2万人以上の死者・行方不明者のうち、ほとんどが津波による溺死であった。さらに、東京湾沿岸部、利根川等の河川部を中心として大規模な地盤液状化が発生し、基礎下の沈下や家屋傾斜などの被害が多数発生した(❻)。また、関東平野や大阪平野などでは、ゆったりした揺れとなる長周期成分が卓越する長時間の地震動が発生し、超高層建物等の室内被害に影響を与えた。この地震による一連の災害は東日本大震災と呼ばれる。

❺—2011年東北地方太平洋沖地震時の津波による被害(女川)

❻—2011年東北地方太平洋沖地震時の地盤液状化による被害(浦安)

その他の被害地震

3つの大震災を引き起こした地震以外にも、大きな構造物被害や社会的影響をもたらした被害地震は多くある。以下にはその例として、いずれも震度7の地震動を観測した2004年新潟県中越地震、2016年熊本地震、2018年北海道胆振東部地震を概説する。

[1]2004年新潟県中越地震

2004年10月23日17時56分に、M6.8で最大震度7(川口町で観測)の地震が新潟県中越地方で発生した。震度7の地震動が観測されたのは、1995年兵庫県南部地震以来2回目、震度計で震度7を記録したのは初めてであった。また、本震発生後2時間の間に震度6の余震が3回発生し、被害を拡大した。

強い揺れによる構造物の損傷被害に加えて道路損壊や斜面崩壊(❼)が各地で発生し、さらに通信障害も相まって完全に孤立する集落も生じた。また、開業以来初めてとなる新幹線の脱線事故も発生するなど、さまざまな被害により社会に多くの教訓を与えた。

[2]2016年熊本地震

4月14日21時26分にM6.5の地震が、4月16日1時25分にはM7.3の地震が発生し、

❼—2004年新潟県中越地震時に発生した地すべりによる被害

この2回の地震で、震源に近い益城町で震度7を2回記録した。これらの地震動により、益城町や南阿蘇村等では多数の古い木造建物が崩壊した（**⑧**）。また、南阿蘇村を中心に大規模な土砂災害が各地で発生し、道路や橋などの土木構造物や建物に甚大な被害をもたらした（**⑨**）。

地震動の特徴としては、断層が地表にまで現れ一部の建物を横切ったこと（**⑩**）、断層に沿った方向で大きなずれを伴い1995年兵庫県南部地震のときと同様に振幅の大きなパルス性地震動が発生したこと、また超高層建物・免震建物への影響も大きい周期3秒成分が卓越する長周期パルスが発生したことなどがあげられる。

一方、地震後の調査では1981年5月以前の耐震基準で建てられた建物の被害が極めて大きかったことに対して、2000年6月以降の新耐震基準で建てられた木造建物の半数以上は無被害であったことから、新基準の耐震設計の有効性が実証された。

[3] 2018年北海道胆振東部地震

2018年9月6日3時7分に、北海道胆振地方中東部を震源とするM6.7の地震が発生し、厚真町で震度7を観測した。厚真町を中心と

⑨—2016年熊本地震で発生した大規模な土砂災害
道路や橋梁などの土木構造物にも被害を及ぼした

⑩—2016年熊本地震で地表に現れた断層

した広い範囲で土砂崩れが発生し、市街地では地割れや液状化などの被害が多数発生した（**⑪**）。また、発電所の被害によって道内全域に大規模な停電（ブラックアウト）が発生するなど、今後の地震防災のあり方に対してさまざまな課題を与えた。　　　　　（宮津・永野）

⑧—2016年熊本地震での木造住宅の被害
短期間に2回発生した震度7の地震動が建物被害を拡大した

⑪—2018年北海道胆振東部地震での土砂崩れ

2 地震発生のメカニズム

Keywords▶ 震源断層、海溝型地震、内陸型地震、マグニチュード

〈地震はなぜ起こるのか？〉

震源断層の破壊から構造物の揺れまで

震源断層のすべり破壊が発生し、地震波がそこから放出され、地表に向かって伝播する。この過程で地震波の振幅が大きくなり、基礎を介して入力地震動として構造物に作用する。これにより構造物が応答し、被害が発生する（❶）。

地震の発生と断層の爪痕

2016年熊本地震では、震源の近傍に位置する熊本県益城町で多数の木造建物の被害が見られた。これは、その地点での地震の揺れ、すなわち地震動の振幅が大きく、木造建物が耐え切れずに壊れたのである。その周辺では❷に示すように地表に地面がずれた跡が多数確認された。これが断層である。とくに地震の揺れを生じさせる断層を震源断層と呼ぶ。震源断層のずれは❷に示すように地表に

現れる場合もあるが、通常は地中の深いところで発生する。

地震の発生メカニズム

日本列島の周辺には、太平洋側にプレートと呼ばれる厚い岩盤があり、それが少しずつ陸側に存在するプレートに沈み込みながらずれる。❸に示すように、そのずれによりプレートの境界面にひずみがたまり、それに耐え切れずに地盤のある面ですべりを伴う破壊が生じ、それが大きな地震の揺れを引き起こす。プレート境界で発生する地震は、海溝型地震、またはプレート境界地震とも呼ばれ、その規模は大きい。1923年関東地震や2011年東北地方太平洋沖地震などはこのタイプである。

一方、押される側である陸の浅い位置でも、断層のすべり破壊が発生する。これは内陸型地震と呼ばれる。1995年兵庫県南部地震などはこのタイプの地震である。これ以外

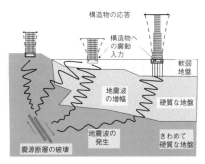

❶—震源断層のすべり破壊から構造物応答までのイメージ図

❷—2016年熊本地震時に地表に現れた地震の断層
断層を挟んで地面が右側に1mほどずれている

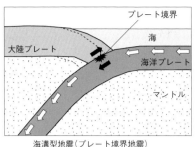
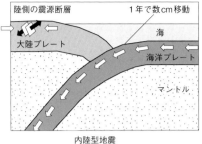

海溝型地震（プレート境界地震）　　　　　　内陸型地震

❸—日本国内で発生する地震のイメージ
構造物の被害を発生させる地震のタイプとして、海溝型地震（プレート境界地震）、内陸型地震がある

にも、プレートの内部で発生するスラブ内地震があり、大きくはこの3タイプに分けられる。

地震の規模をどのように表すか
－マグニチュード

　いずれの地震のタイプでも、震源断層のすべり破壊が地震の発生源となるのは共通である。その規模を表す共通の尺度として、地震のエネルギー量に相当するマグニチュードMがある。マグニチュードにもいくつか種類があるが、物理的に明快でもっともわかりやすい指標としてモーメントマグニチュードM_Wがある。断層面の長さL、幅W、断層面の間のすべり量D、断層面のせん断剛性（硬さ）を掛け合わせると、地震モーメントM_0と呼ばれる一種のエネルギー量が計算される。地震モーメントM_0とモーメントマグニチュードM_Wは、$\log M_0 = 1.5 M_W + 9.1$で関係づけられる。この式からわかるように、M_Wが1だけ増えるとエネルギー量である地震モーメントは$10^{1.5} = 32$倍、2だけ増えると$10^3 = 1,000$倍大きくなる。

　❹はマグニチュードの違いを図で表現したものである。断層面の剛性を定数とすると、断層面のL、W、Dがそれぞれ10倍異なると

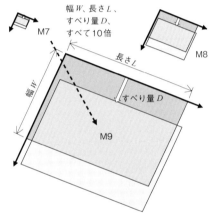

❹—地震の規模を表すマグニチュードと震源断層の大きさの違いのイメージ。 M7に対しM9では、断層面のL、W、Dがそれぞれ10倍となる

Mが2だけ異なることになる。

　国内の観測史上最大規模となった2011年東北地方太平洋沖地震のM_Wは9.0、1995年兵庫県南部地震のM_Wは6.9である。両者のエネルギー量は1,000倍近くあることがわかる。なお、日本ではM_Wと類似した指標として、気象庁マグニチュードM_Jが用いられており、本書ではこれをMと表記する。

（永野）

Keywords▶ 震源断層、S波、P波、
ディレクティビティパルス、フリングパルス

〈地震はなぜ起こるのか？〉

震源断層のすべり破壊の物理表現

　震源断層がすべり破壊することにより地震波が発生する。それは物理的にどのように表現されるだろうか。❶(a)はある点の1方向に力を加える状態であり、シングルフォースと呼ばれる。震源断層のすべり破壊はこのようなかたちではなく、❶(b)のように震源点の周りに4つの力を作用させたかたちで表現される。これらは互いに食い違う力を2方向で作用させたもので、ダブルカップルフォースと呼ばれる。地盤は弾性体で表現され、そこに震源断層のすべり破壊を模擬した力を等価的に作用させることにより、地震波の発生、伝播を理論的に表現することができる。

S波とP波の発生と放射特性

　震源ですべり破壊が発生すると、そこから地震波が発生する。地震波として2つの波、S波、P波が発生し、地表面に向かって伝播する。❷は❶(b)の力が作用したときに、S波とP波がどの方向に、どのくらいの強さで拡がっていくかを示したものである。これらは放射特性と呼ばれる。

　S波は断層面に沿った方向とそれに直交する方向で大きな振幅が現れ、地表面での大きな横揺れの原因となる。P波は断層面の方向と45°方向に伝播する。地盤を押す方向と引く方向があり、地震の震源メカニズムはこの特性を利用して決定される。P波の振幅は大きな揺れを伴うS波に比べ小さいが、S波よりも早く伝播する。この性質は、事前にP波を検知して大きな揺れを通知する緊急地震速報に利用されている。

破壊進展の方向とパルス波の生成

　震源断層のすべり破壊が都市部の直下で発生する場合、甚大な建物被害をもたらす場合がある。このときの地震動の発生は、先に述べたS波の放射特性と密接に関係する。

　❸(a)に示す断層面で、断層左下端部からすべり破壊が右方向に進展する場合を考える。❷(b)の点線で示すように、断層面と直交する方向にS波の振幅が大きくなる。破壊進展に伴い、このS波のエネルギーが破壊進行方向で重なり大きくなり、短い時間で大きなパルス状の振幅をもつ地震動が発生する。これはディレクティビティパルスと呼ばれ、1995年兵庫県南部地震で神戸市中心部に現れた「震災の帯」の原因の1つとなった。

　❸(b)に示す鉛直断層で、深いところから浅いところに向かってすべり破壊が進展する場合を考える。この場合、❷(b)の実線で示すS波が重なり、断層面と平行方向に大きな振幅の地震波が発生する。これはフリングパルスと呼ばれ、2016年熊本地震時に益城町中心部での記録に見られたものである。このように揺れの方向や大きさは、断層面の破壊メカニズムや破壊進展方向によって、また場所によって大きく異なる。

（永野）

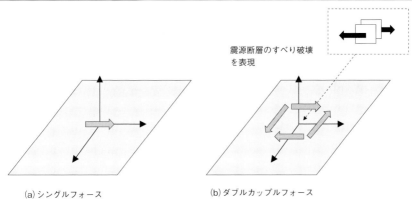

震源断層のすべり破壊
を表現

(a) シングルフォース　　　　　　　　(b) ダブルカップルフォース

❶―ある点に力が作用するようす
震源断層のすべり破壊は(a)ではなく(b)のような4つの力の組合せで表現される

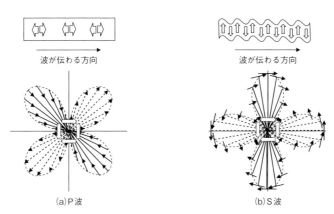

波が伝わる方向　　　　　　　　　　波が伝わる方向

(a)P波　　　　　　　　　　(b)S波

❷―震源断層のすべり破壊により発生するP波とS波とそれぞれの放射方向

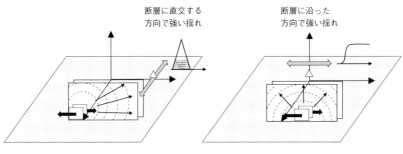

断層に直交する　　　　　　断層に沿った
方向で強い揺れ　　　　　　方向で強い揺れ

(a)ディレクティビティパルス　　　　　　(b)フリングパルス

❸―断層面内の破壊伝播に伴い発生するパルス波
(a)は1995年兵庫県南部地震で、(b)は2016年熊本地震で建物被害を引き起こした地震動の生成要因とされる

Keywords▶ フックの法則、
ニュートンの運動方程式、弾性波動方程式

地震波動の伝播

　地震動は震源で生じた波動が地中を伝播し、構造物までやってくる。地震動の影響を受けた構造物は振動し、その振動性状によっては、構造物は破損する。このように考えてみると、地震被害を軽減するための力学的課題には、1)震源を力学的にどのように扱うべきか、2)震源からどのように地震波は伝わるか、3)地震によって構造物はどのように揺れるのかの3つがあげられる。この中で、1)と2)の問題は地震学と呼ばれる学問領域の重要な課題である。そして、地震波の伝わり方の数学理論の展開の中で、震源の力学モデルが扱われることも多い。一方、地震によって、構造物はどのように揺れるかの問題は、耐震設計の問題にも深くかかわってくる。ここでは、2)の問題をどのように考えるか、そしてそれが1)とどうかかわるかを概観したい。

弾性体、フックの法則、そしてニュートンの運動方程式

　地震波の伝わり方を数式で記述するために、一番重要なことは、地震波が弾性体を伝わると考えることである。弾性という性質は、物体が力を受けて変形したとき、その力を取り除けば、物体は元の形に戻るという性質をいう。そして、物体に加える力と物体に生じる変形量が比例するとき、フックの法則

が成立する。弾性という性質をもつもっとも身近な例は「ばね」であろう。そしてばねの場合、フックの法則は、ばねの伸びは力に比例するという簡明なかたちで表現できることは周知のことである。

　地震波の伝わり方を数式で記述するにもう一つ重要な事項はニュートン(Newton)の運動方程式である。ニュートンによれば質量mの質点に力Fが作用するときに生じる加速度aは、$F = ma$となる。

　フックの法則とニュートンの運動方程式を組み合わせると、どのようなことがわかるかを見てみよう。❶はばねにおもりをつけたもので、運動方程式は次式となる。

$$m\ddot{x} = -kx \quad (1)$$

❶—ばねにつながれたおもりのモデル

ただし、kはばね定数、xはばねの伸び、$\ddot{x}$は加速度である。右辺のマイナス符号は、おもりに作用する力はばねの変形の方向と逆向きになるためである。式(1)は常微分方程式であり、詳細な議論は省略せざるを得ないが、つぎのような解をもつ。

$$x(t) = A\cos\omega t + B\sin\omega t \quad (2)$$

ここにtは時間、AとBは任意定数、

$$\omega^2 = k/m \quad (3)$$

である。

　フックの法則とニュートンの運動方程式を組み合わせ、方程式を解くことで振動現象が数式で記述できる。

弾性波動方程式

　ばねにおもりを付けるような単純なモデルではなく、地震波の経路となる弾性体にフックの法則とニュートンの運動方程式を適用することで、地震波動の数学理論のモデルが構築される（❷）。

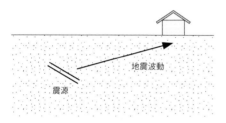

❷—地震波動の数理モデル。震源から放射される地震動がフック則にしたがう弾性体を伝わると仮定し構築される

　このときの運動方程式は弾性波動方程式と呼ばれ、複雑な偏微分方程式の形態をとる。あえて、表記するとつぎのとおりである。

$$(\lambda + \mu)\, \partial_i \partial_j u_j + \mu\, \partial_k \partial_k u_i = \rho\, \partial_t^2 u_i \quad (4)$$

ここにλとμは「ラメの定数」と呼ばれる2つの弾性定数、ρは弾性媒質の質量密度、uは変位場でその添字は座標成分を、∂は偏微分の演算子で添字のi、j、kは偏微分を行う空間座標の成分である。また、tは時間を表す。

　座標成分は❸に示すように添字を用いる。だから式（4）の座標成分の添字i、j、kは1から3までの範囲の自然数をとる。式（4）の解析によって、さまざまなことがわかってくる。例えば、P波とS波が存在し、どのような速度でどのような性質をもって伝播する

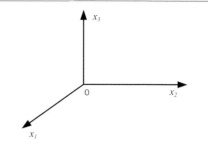

❸—座標成分の添字の用い方

か？の問いが方程式から導かれる。かなり煩雑となるものの、例えば、x_i方向に$g(t)$という時間の関数の力を原点に与えたときのx_i方向の変位は次式で与えられる。

$$u_i(r,t) = \frac{1}{4\pi\mu r}\left[\, \delta_{ij}\, g\!\left(t - \frac{r}{\beta}\right)\right.$$

$$-\partial_i \partial_j \left(g\!\left(t - \frac{r}{\beta}\right) - (\beta/\alpha)^2\, g\!\left(t - \frac{r}{\alpha}\right)\right)$$

$$\left. -(\delta_{ij} - 3\partial_i \partial_j)\frac{\beta^2}{r^2}\int_{r/\alpha}^{r/\beta} s\, g(t-s)ds \right]\!(5)$$

　ここにαはP波の速さ、βはS波の速さ、rは震源からの距離である。式（5）は震源で与えた力の影響はrだけ離れた場所ではP波やS波の速さに応じた時間遅れで現れることを示している。震源が複雑な場合には、震源の複雑さに応じて、式（5）を重ね合わせればよい。こうして前述の1）の問題への糸口が弾性波の数学理論の問題2）を通して見えてくる。

　地震波動の伝播に関する数学理論の研究は、長い歴史をもち、しかも今なお発展途上にある。決してこの理論の理解は容易ではないものの、この分野の研究は地震の理論にとどまらず、非破壊検査の基礎理論や、医療画像診断の基礎にまでかかわる。フックの法則とニュートンの運動方程式のもたらす世界の豊かさが垣間みえる。

（東平）

5 地震の揺れの大きさ

Keywords▶ 震度、時刻歴波形、最大加速度、最大速度、固有周期、応答スペクトル

震度

地震自体の規模を表す指標として、マグニチュードが利用される。一方、地震が発生したときに、地点ごとの揺れの大きさを表す指標として震度がある。現在、気象庁では震度を10階級で定めており、最大の震度が7となっている（❶）。1995年兵庫県南部地震までは体感、建物被害等によって震度が決定されていた。現在は、地震記録から計算される計測震度のかたちで求められる。

震度7は1995年兵庫県南部地震、2004年新潟県中越地震、2011年東北地方太平洋沖地震、2018年北海道胆振東部地震、そして2016年熊本地震時に2回記録された。震度は建物の被害発生状況の目安にはなるものの、必ずしも直接対応するわけではない。例えば、2011年東北地方太平洋沖地震時の宮城県栗原市築館では震度7が発表されたにもかかわらず、周辺の住宅被害はほとんど見られないなどの乖離も見られた。

地震動の最大加速度、最大速度

地震時に地盤で観測された記録として加速度の時刻歴波形が得られる。このときの絶対値の最大値は、最大地動加速度（Peak Ground

震度階級	人の体感・行動	屋内の状況
0	人は揺れを感じないが、地震計には記録される	—
1	屋内で静かにしている人の中には、揺れをわずかに感じる人がいる	—
2	屋内で静かにしている人の大半が、揺れを感じる。眠っている人の中には、目を覚ます人もいる	電灯などのつり下げ物が、わずかに揺れる
3	屋内にいる人のほとんどが、揺れを感じる。歩いている人の中には、揺れを感じる人もいる。眠っている人の大半が、目を覚ます	棚にある食器類が音を立てることがある
4	ほとんどの人が驚く。歩いている人のほとんどが、揺れを感じる。眠っている人のほとんどが、目を覚ます	電灯などのつり下げ物は大きく揺れ、棚にある食器類は音を立てる。座りの悪い置物が、倒れることがある
5弱	大半の人が、恐怖を覚え、物につかまりたいと感じる	電灯などのつり下げ物は激しく揺れ、棚にある食器類、書棚の本が落ちることがある。座りの悪い置物の大半が倒れる。固定していない家具が移動することがあり、不安定なものは倒れることがある
5強	大半の人が、物につかまらないと歩くことが難しいなど、行動に支障を感じる	棚にある食器類や書棚の本で、落ちるものが多くなる。テレビが台から落ちることがある。固定していない家具が倒れることがある
6弱	立っていることが困難になる	固定していない家具の大半が移動し、倒れるものもある。ドアが開かなくなることがある
6強	立っていることができず、はわないと動くことができない。揺れにほんろうされ、動くこともできず、飛ばされることもある	固定していない家具のほとんどが移動し、倒れるものが多くなる
7		固定していない家具のほとんどが移動したり倒れたりし、飛ぶこともある

❶—震度階級に対応した人の体感・行動と屋内の状況
気象庁による震度階級は0から7までの10段階で表される

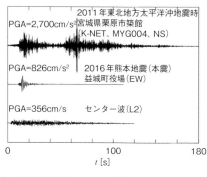

❷─地震動の時刻歴波形と最大加速度の一例

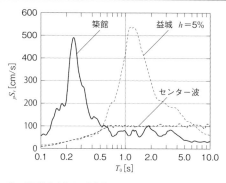

❸─地震動の応答スペクトル
横軸は構造物の固有周期であり、縦軸は揺れの大きさを表す。どのような構造物が揺れやすいかが一目でわかるのが大きな特徴である

Acceleration; PGA)と呼ばれる。その単位はcm/s²もしくは「ガル」である。

　加速度を時間に関して積分した速度についても、同様に最大地動速度（Peak Ground Velocity; PGV）が得られる。その単位はcm/sもしくは「カイン」である。PGAやPGVは、地震の揺れの大きさや、さらに建物被害の指標ともなる。PGVは建物被害との相関が比較的高いことが知られている。

　❷は震度7を記録した2011年東北地方太平洋沖地震時の宮城県栗原市築館、2016年熊本地震時の益城町役場で得られた地震記録の時刻歴波形である。同図には、耐震設計用に人工的に作成された地震動（センター波）を比較して示す。震度7を記録した2地震の記録のPGAはセンター波よりもはるかに大きい値となっている。同じ震度7の記録でも、一見すると築館周辺の被害が大きくなりそうであるが、実は益城周辺のほうが被害ははるかに大きい。これより、PGAだけでは被害の大小を表現することはできないことがわかる。

構造物の固有周期と応答スペクトル

　構造物特有の性質の1つに、揺れやすい周期がある。これを固有周期と呼び、T_0(s)で表わす。建物の高さをH(m)とすると、鉄骨造の建物であれば$T_0 = 0.03H$(s)、RC造の建物であれば$T_0 = 0.02H$(s)で概算される。例えば、25階建ての高さ100mの鉄骨造の建物の固有周期は3秒となる。

　地震動にはさまざまな周期を有する波が入り混じっている。低層建物のような短周期の構造物が揺れやすい地震動もあれば、超高層建物のような長周期の構造物がよく揺れる地震動もある。このような地震動の周期特性を表現できるものとして、応答スペクトルがある。応答スペクトルとは、横軸に構造物の固有周期、縦軸に地震記録を入力地震動としたとき構造物応答の最大値を示したものである（❸）。築館、益城の地震動では、それぞれ固有周期0.2〜0.3s、1.0〜2.0sの構造物が揺れやすいことが一目でわかる。とくに一般建物の被害で重要となるのは固有周期1秒前後の揺れであり、益城での甚大な建物被害は応答スペクトルの結果とよく対応する。　（永野）

6 地盤構造と地震の揺れ

Keywords▶ 地盤構造、震災の帯、
長周期地震動、増幅

地震の揺れと地盤構造の関係

地震の揺れは同じ都道府県内、市町村の中でも必ずしも同じではない。わずかな距離の違いで揺れの大きさが異なり、建物の被害分布に影響を与える場合がある。その大きな原因は、構造物の直下に拡がる地盤構造にある。一般的に地盤が軟らかいほど、地震動が増幅し、建物の被害が発生する可能性が高い。

1995年兵庫県南部地震時の「震災の帯」

1995年兵庫県南部地震の際には、神戸市中心部の南北1km幅に木造建物等の被害が集中する「震災の帯」が現れた。これは地盤

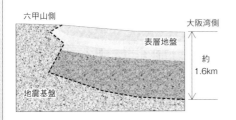

❶─地震波の干渉と「震災の帯」。上段：神戸市中心部の南北方向の地下構造。下段：段差状の地下構造に地震波が入射し、下方からのAの地震波と段差境界からのBの地震波が干渉する。その結果、「震災の帯」での地震波が干渉し大きくなった

構造の影響が顕著に現れた事例である。

❶に示すように神戸市中心部の南北方向の地下構造は、六甲山から極めて硬質な地震地盤が急激に落ち込み、その上に比較的軟らかい表層地盤が堆積する段差構造となっている。ここに、パルス状の地震波が入射し、六甲山麓から少し離れた「震災の帯」の領域に、下方からの地震波と六甲山から回り込む地震波が干渉した。この結果、「震災の帯」領域で地震動が増幅し、多数の建物被害の要因につながった。

2011年東北地方太平洋沖地震時の
長周期地震動の増幅

2011年東北地方太平洋沖地震時には首都圏でも震度5弱～5強の揺れを観測した。このときに首都圏で得られた地震記録を詳細に分析すると、超高層建物等の応答に影響する周期2～3秒については、東京湾沿岸部の埋立て地や河川下流部で大きくなっていた。また超高層集合住宅の居住者を対象に行ったアンケート調査では、東京湾沿岸部に建つ建物の低層部で壁紙等の亀裂が大きいことが明らかになった（❷）。東京湾沿岸部では浅部の表層地盤が厚く堆積しており、液状化被害とともに、長周期建物に影響を与える地震動も増幅したものと推定される。

震源から700km以上離れた大阪湾の沿岸部でも、50階建ての超高層建物で室内被害が顕著に見られた。頂部の揺れは、両振幅で

3m近くにも達し、国内の建物記録の中でもっとも大きいものとなった。大阪平野は比較的軟らかい表層地盤が楕円状に囲まれた形状となっている。このため、遠方から伝わってきた長周期地震動が大阪平野内を伝わる際に、大阪湾沿岸部に地震波が集中した（❸）。これにより周期6秒前後の長周期地震動が増幅し、当該建物の固有周期と一致したため、上記建物の大きな揺れにつながった。

（永野）

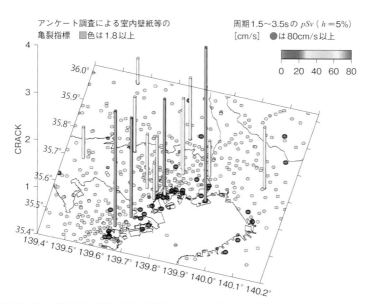

❷──長周期地震動の増幅と超高層集合住宅低層部の壁紙被害。2011年東北地方太平洋沖地震時の首都圏の場合

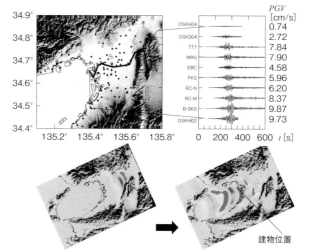

❸──長周期地震動の増幅と波動伝播のようす。2011年東北地方太平洋沖地震時の大阪平野の場合

7 地震動のタイプと構造物の応答

Keywords▶ 長周期地震動、パルス性地震動、減衰性能、自由振動

長周期地震動とパルス性地震動

地震の揺れ、つまり地震動にはさまざまな揺れ方がある。もっとも典型的な分類は、海溝型の巨大地震時に平野部で観測される長周期成分が卓越し継続時間の長い地震動と、内陸地殻内地震の震源近傍で得られる継続時間が短く振幅が大きい地震動である。前者は「長周期地震動」と呼ばれ、2003年十勝沖地震時の苫小牧、2011年東北地方太平洋沖地震時に関東平野や大阪平野で記録された地震動などがある。後者は「パルス性地震動」と呼ばれ、1995年兵庫県南部地震時の神戸海洋気象台、2016年熊本地震時の益城町役場で記録された地震動などがあげられる（❶）。

どのような被害が発生するか

長周期地震動による構造物の被害例として、2003年十勝沖地震時の苫小牧における石油タンクの火災があげられる。これはゆっくりと揺れる地震により、タンク内の原油が大きく揺すられ外にあふれ、そこに引火したことが原因とされている。

パルス性地震動による建物被害として1995年兵庫県南部地震時の神戸市中心部の「震災の帯」や、2016年熊本地震時の益城町での木造建物等の甚大な被害（❷）があげられる。いずれも周期1秒前後で振幅の大きい数波のパルス波が発生し、耐震性の低い建物をなぎ倒した。パルス性地震動の発生は内陸地震の震源近傍における比較的狭い領域に限定されるものの、構造物の被害に与える影響は極めて大きいといえる。

構造物の減衰性能

構造物の振動特性の重要な指標として、固有周期T_0(s)と減衰定数hがある。後者は時間の経過とともに徐々に揺れが小さくなる

```
最大速度 35cm/s

2003年十勝沖地震・苫小牧

最大速度 177cm/s

2016年熊本地震・益城町

0  20  40  60  80  100  120  140  160  180
時間[s]
```

❶—長周期地震動（上段）とパルス性地震動（下段）の速度波形の一例

❷—2016年熊本地震時の益城町における木造建物被害
パルス性地震動で耐震性の弱い建物がなぎ倒された

「減衰性能」の指標となる。例えば、構造物にある変位を与え、急に離す場合を考える（❸）。その後、構造物が振動するが、これを自由振動と呼ぶ。$h=0$のとき、すなわち減衰性能が0のときは、構造物は永遠に揺れ続ける。一方、減衰がある場合は、ある時間で振幅が収束する。とくに減衰性能が大きい場合（$h=10\%$）は、揺れが早く収まる。減衰性能は構造物の「揺れにくさ」を示す指標ともなり、耐震性を議論するうえで重要となる。

地震動による構造物の揺れ方の違い

地震動が構造物に入力するときのようすを調べる。ここでは、簡単に地震動を2種類のsin波で表現する（❹）。長周期地震動をイメージし5つのsin波が入力したときの構造物の応答を見てみよう。減衰定数hが大きいほど、揺れの大きさは小さくなる。最大応答値も半分以下となる。超高層建物等に適用する制震構造はこの原理を利用し、ダンパ等により大きな減衰性能を与えている。

一方、パルス性地震動をイメージして、1つのsin波が入力した場合、減衰定数hにより最大応答値に大きな違いが出ない。すなわち、内陸地殻内地震の震源近傍で発生するパルス性地震動に対しては、制震構造等の最大応答抑制効果は小さいことがわかる。

（永野）

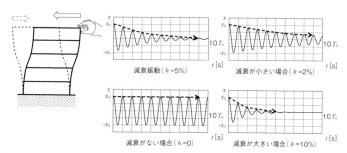

減衰振動（$h=5\%$）　　減衰が小さい場合（$h=2\%$）

減衰がない場合（$h=0$）　　減衰が大きい場合（$h=10\%$）

❸—構造物の減衰定数による自由振動の違い
減衰定数が0の場合、建物は揺れ続けるが、減衰定数が大きいほど、揺れが収まる時間が早くなる

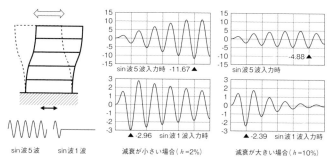

sin波5波　　sin波1波　　　sin波5波入力時　-11.67▲　　　sin波5波入力時　-4.88▲

▲-2.96　sin波1波入力時　　　　▲-2.39　sin波1波入力時

減衰が小さい場合（$h=2\%$）　　　減衰が大きい場合（$h=10\%$）

❹—入力波および減衰性能の違いによる建物応答の違い
長周期地震動をイメージしたsin波5波の場合は、減衰による応答低減効果が大きい。
一方、パルス性地震波をイメージしたsin波1波の場合は、減衰の違いが最大応答値に与える影響は小さい

Keywords▶ 1923年関東地震、水平震度、
建築基準法、動的設計法、限界耐力計算

1923年関東地震と耐震基準

　耐震設計に関連する国内の基準は、1923年関東地震での被害を教訓に整備されることになる。このときの犠牲者、約10万5千人のうち、1万人強は住戸の倒壊によるものであった。その後、1924年に市街地建築物法が改正され、「水平震度0.1」以上とする規定が初めて導入された。水平震度とは、建物を真横にしたときに建物に作用する水平力を1としたときの係数である（❶）。水平震度0.1は、関東地震での下町における推定水平震度とコンクリート材料の安全性を見込んで設定された数値とされる。以下は建築基準法における耐震基準の変遷を紹介する。

1950年建築基準法の施行

　1950年に建築基準法が施行された。これは建物の構造等に関する最低基準を定めるも

のである。その中で地震荷重について、「水平震度0.2」が規定された。従来の2倍となっているが、材料に見込む安全率も2倍となったため、実質的な要求性能は変わっていない。

超高層建物の時代へ

　1963年建築基準法の改正時に建物高さ制限31mが撤廃された。この後、1968年に国内で最初の超高層建物である霞が関ビルが建設された。このとき、従来の静的応力にもとづく設計法だけではなく、コンピュータ計算技術の発達を背景に動的設計法が取り入れられた。動的設計法とは、地震波を建物モデルに入力して、時刻歴応答解析により地震応答を評価するものである。

1981年新耐震規定の導入

　1968年十勝沖地震、1978年宮城県沖地震等の建物被害を受け、1980年に建築基準

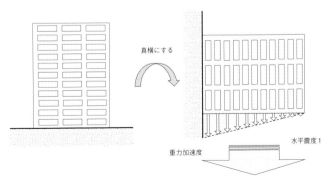

真横にする

重力加速度

水平震度1

❶—水平震度の考え方
建物を真横にしたとき建物に作用する力を水平震度1とする

〈地震はなぜ起こるのか？〉

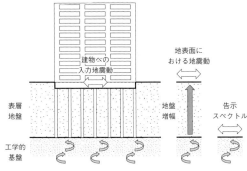

❷—2000年の限界耐力計算で導入された耐震設計法のイメージ
工学的基盤で告示スペクトルが規定され、地震荷重から入力地震動に対する応答を評価する

法が改正、1981年に施行され、新耐震規定が定められた。これにより、1次設計、2次設計の2段階による設計体系が導入された。大きな特徴は、層せん断力係数の建物高さ方向の分布であるAi分布が導入され、従来の水平震度に代わり、層せん断力係数で地震荷重が与えられた点である。さらに、国内の地域による地震荷重の違いを表す地域係数Z、地盤条件による違いを表す振動特性係数Rt、建物の粘り強さを反映させた構造特性係数Dsの概念も取り入れられた。

　1階の水平震度に相当する最下層の層せん断力係数（ベースシア係数）は0.2を基本としており、この点では1924年の市街地建築物法の思想が、現在まで継続されている。

限界耐力計算の導入

　1995年兵庫県南部地震発生後、2000年に建築基準法が再度改正された。このとき耐震計算ルートの1つとして「限界耐力計算」と呼ばれるアプローチが追加され、性能規定の考え方が導入された（**❷**）。これにより、工学的基盤、表層地盤の概念が導入され、せん断波速度V_s＝400m/s以上の工学的基盤の露頭面（解放工学的基盤）での地震動として、減衰定数5%の加速度応答スペクトル（告示スペクトル）が規定された。従来の水平震度で与えられていた地震荷重を規定するアプローチに対し、建設地点固有の地盤増幅を考慮した入力地震動に対する応答を評価するアプローチが加わった。

新耐震と熊本地震

　2016年熊本地震時には益城町で2回の震度7を記録し、多数の木造建物が被害を受けた。益城町の甚大な被害地域を中心に、すべての木造建物の被害状況を1件ずつ調べる悉皆調査が実施された。

　この結果、1981年以前の耐震基準で建てられた建物の被害がもっとも大きく、無被害で済んだのはわずか5％である。それに対し、1981年以降の新耐震基準で建てられた建物の被害は大きく低下しており、2000年以降の新耐震基準で建てられた木造建物の6割以上は被害がなかった。耐震基準の改正により、比較的新しい建物は耐震性能に余裕があり、大地震に対しても被害軽減効果が大きいことがわかる。　　　　　　　　（永野）

Keywords▶ 数値シミュレーション、
有限要素法、波動、散乱体

〈RC造建物にどのような影響を与えるか？〉

はじめに

シミュレーション（simulation）とは、直訳すれば、「模擬」という意味になる。このシミュレーションという言葉を数値シミュレーションの意味で限定するのであれば、コンピュータで現象を模擬する、すなわち、数値計算を用いて、コンピュータ内で現象を再現するということになる。例えば、地震動によって、構造物がどのように揺れるかの問いに対して、コンピュータによる数値計算（数値実験といってもよい）で現象を模擬するのである。

具体的に、どういうことかを述べよう。私たちは、紙と鉛筆を用いて（最近はタブレットを用いるかもしれない）、方程式を解くことを知っている。それ自体は非常に大切なことである。実は、地震動によって、構造物がどのように揺れるのかを調べることは、実際の実験を経ずとも方程式を解くことで可能である。ただし、この方程式を解く作業は紙と鉛筆で行うわけにはいかない。コンピュータが活躍するのである。

有限要素法概観

具体的に、どのようにコンピュータを活用するかについてふれておこう。まずどんな方程式を解くかである。

元となる方程式はニュートンの運動方程式とフックの法則を組み合わせたものである。

すでに本章の4でも取り上げたが、ニュートンの運動方程式は、

（力）＝（質量）×（加速度）

として知られている。一方、フックの法則は、

（力）＝（ばね定数）×（ばねの伸び）

として知られている。

この2つの方程式を構造物のシミュレーションのために合わせると、複雑な偏微分方程式になる。この偏微分方程式を連立一次方程式に変換する数学的技法の1つに有限要素法と呼ばれるものがある。

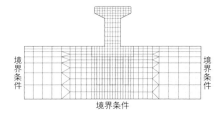

❶—コンクリート標準示方書に記載された有限要素モデルの例

❶はコンクリート標準示方書[1]に記載された、橋脚の耐震解析の有限要素モデルの一例である。橋脚と杭基礎、ならびに周辺地盤が、数値シミュレーションの対象領域になっている。数値シミュレーションの対象領域は、ここでは三角形ならびに四角形のエリア（有限要素と呼ばれる）に分割されている。前述の複雑な偏微分方程式は有限要素内部では、行列を用いた連立方程式に変換される。そして、それぞれの要素の方程式をすべて重ね合わせ、大次元の連立方程式をコンピュータで

解析するのである。

　入力データには、想定される設計地震動などを用い、計算で得られる結果は、構造物内部に生じる変位や応力である。これらの計算結果を用いて、構造物の安全性が検討される。

　設計業務では、有限要素法などが、標準的なツールとして積極的に用いられる。多くの技術者にとって、ツールとしての有限要素法でどのようなことが可能になるかの知識が重要になってくる。

数値シミュレーションの一例

　つぎに、筆者の研究室で行った数値シミュレーション結果の一例を示そう。そして、計算機を用いて、どのようなことが可能であるかを紹介する。おそらく多くの読者は病院などでCT検査のことを聞いているはずである。実はCTとはComputerized Tomographyの略称である。Tomographyはギリシャ語を語源として、物体の内部を切り取ることなく、内部の性状を把握するという意味がある。すなわち、CTはコンピュータによる数値計算を用いて、内部の性状を把握することを意味する。

　病院などではX線CTがよく用いられる。一方で弾性波を用いるCT技法の展開も国内外で活発に行われている。筆者の研究室でも、前述のニュートンの運動方程式とフックの法則を用いて導出される偏微分方程式の解の数学的性質と数値計算手法の展開によって、効率的な弾性波CTの可能性を検討している。

　❷は表面においたグリッド点から内部の物体に波を照射し、生じた波動を再びグリッド点で観測するモデルである。本来であれば波

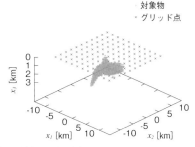

❷—反射波を再び観測するモデル
表面のグリッドから内部の物体に波を送る

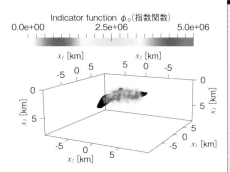

❸—コンピュータが判定した物体の位置

動の照射と反射波の観測は実験的に行うべきであるが、研究室の研究として、この作業はコンピュータによる数値シミュレーションで行っている。そしてここで得られた各グリッド点の反射波の情報と前述の偏微分方程式の解の性状を照合し、指示関数(indicator function)をコンピュータで計算する。指示関数の空間分布を調べ、指示関数の値の高いところに物体があると判断されることになる。この結果が❸である。この技法の展開によって、震源探査、資源探査あるいは非破壊検査へ応用されることになる。

（東平）

10 地震によるRC造建物の破壊

Keywords▶ せん断破壊、ねじれ崩壊、層崩壊、非構造の被害、継続使用性

〈RC造建物にどのような影響を与えるか?〉

わが国は世界有数の地震国であり、世界最高レベルの耐震設計法をもつ。この耐震設計法は苦い被害経験の積み重ねによってつくり上げられてきたものである。ここでは、RC造建物を対象に、わが国が経験してきた地震被害を概観する。

せん断破壊の発見

建物を構成する柱や梁には曲げモーメントとせん断力が作用する。曲げモーメントによる破壊が曲げ破壊、せん断力による破壊がせん断破壊である。

鉄骨構造では、曲げ破壊は警戒すべき危険な破壊そして、せん断破壊は発生する可能性の低いあまり考慮する必要のない破壊である。RC構造においても、この考えを踏襲し、設計はもっぱら曲げ破壊に対して行われていた。1968年5月16日に発生したマグニチュード7.9の十勝沖地震で初めてRC構造物のせん断破壊とそれによる建物の倒壊が確認された(❶)。その後の実験的研究によってせん断破壊は、脆性的(もろい破壊)で、建物の倒壊を引き起こす、RC造建物においてもっとも注意すべき破壊現象であると認識された。現在の設計では、RC造建物の耐震設計を一言でいうと、「せん断破壊に対する設計」であるといわれるほどである。

RC造建物の危険な崩壊形態

地震時にRC造建物を倒壊させる崩壊形態

に「ねじれ崩壊」と「層崩壊」がある。これらはそれぞれ、地震時の変形の平面的集中と立面的集中によって引き起こされる(❸、❹)。❷は2016年熊本地震において崩壊した建物を正面から撮影したものである。この建物の正面は柱梁で構成されるフレーム構造であるのに対して、奥側に壁が多く剛性の高い階段室が配置されている。地震による水平力が作用した際、奥の硬い階段室は変形せず、正面の柔らかいフレーム構造に大きな変形(平面的変形集中)が生じる。これにより、建物を上から見ると❸に示すように、建物がねじれ回転を起こすことによって崩壊(ねじれ崩壊)が生じた可能性がある。

また、❹に示すようにある階の変形が立面的に見て相対的に他の階より大きくなり崩壊に至るケースがある。このような立面的変形集中が原因で発生する崩壊は「層崩壊」と呼ばれ、大地震のたびに報告されている。❺は1995年兵庫県南部地震で発生した典型的な層崩壊の事例である。

非構造(ドアや間仕切り壁など)の被害

最近の特筆すべき被害事例として、構造部材の損傷は小さく安全性は問題ないが、非構造部材の損傷のために、建物の継続使用に支障をきたすケースがある。非構造の被害は深刻な生活被害や多大な経済損失を引き起こす。❻は2011年東北地方太平洋沖地震で発生した非構造部材の被害状況である。大地震

❶—1968年十勝沖地震における柱部材の被害状況
せん断破壊の特徴である斜めひび割れ（点線）が部材中央に
交差して発生している

❷—2016年熊本地震によって崩壊した市庁舎
写真の奥側に剛性の高い階段室があり、建物にねじれ変形が
生じたことや、上階柱の断面寸法が下階と比べ非常に小さい
ことが破壊を激しくしたと推定される

❸—平面的変形集中によって生じる建物のねじれ崩壊
壁の配置が片側に偏っているなどによって生じる

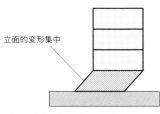

❹—立面的変形集中によって生じる層崩壊
特定階（この図では1階）の剛性が他の階と比べ小さく
そこに変形が集中することによって生じる

❺—1995年兵庫県南部地震における神戸市庁舎の被害
中間層で変形が集中的に発生し層崩壊が発生している

❻—2011年東北地方太平洋沖地震における非構造部材の被害
建物の継続使用が困難となるケースが発生した

に対して、安全性だけでなく、対損傷性能
（地震時の損傷を小さく抑え、地震後に速やかに
人々の生活や経済活動が復旧できる性能）の確保

が、今後の耐震設計では重要である。

（衣笠）

11 RC造建物の耐震設計

▶Keywords▶ RC構造の原理、配筋計画、ひび割れ、曲げ破壊、せん断破壊

RC構造の原理

鉄筋コンクリート構造は英語で、Reinforced Concrete Structureといい、頭文字を取ってRC構造と略記される。鋼材である鉄筋(❶)によって「補強されたコンクリートの構造」という意味である。❷は典型的な鉄筋(主筋とせん断補強筋)の配筋方法である。実は鋼材もコンクリートで守られており、RC構造はコンクリートと鋼材が相互の長所で短所を補い合っている。❸はこの関係をまとめたものである。引張り力に弱いコンクリートを引張り力に強い鉄筋が、また、圧縮力ですぐ座屈してしまう鉄筋を圧縮力に強いコンクリートが守っている。

RC造建物の長所と短所

RC構造の長所として、1)耐火性が高く火災に強い建物をつくることができる、2)コンクリートは鉄筋を錆から守り耐久性の高い建物とすることができる、3)遮音性や対振動性が高く居住性の良い快適な住環境を実現できる、4)建設費用が比較的安価である、ことなどがあげられる。

一方、短所として、1)自重が大きく地震力に対して不利である、2)工期が長くなりがちである、3)解体に大きなエネルギーが必要である、ことなどがあげられる。

RC構造は長所1)～4)を活かし、社会資産の構築、良質な住環境の提供など、現在の社会システムにおいて重要な役割を果たしており、地震時の損傷は人々の生活に大きな影響を与える。一方で、短所1)で述べたように、大きな地震力に対して注意が必要な構造物といえる。

ひび割れの発生と配筋計画の基本

鉄筋配置(配筋)の基本は予想されるひび割れに対して垂直に横切るように鉄筋を配することである。❹(1)に示すように、鉄筋で補強しておかないと、引張りに弱いコンクリートにはひび割れが発生し容易に2つに折れてしまう。しかし、あらかじめこのひび割れに垂直に横切る鉄筋(主筋)を配しておけば(同図(2))ひび割れが発生した後もコンクリートの代わりに引張り力を負担し安全に力を支えることができる。

RC造建物の耐震設計の基本

RC構造には曲げ破壊とせん断破壊の2つの種類の破壊が存在する。せん断破壊は破壊の進行が急で建物の倒壊を引き起こす危険な破壊であり、これを防ぐことがRC構造の耐震設計の基本となっている。

曲げ破壊は曲げモーメントによって❺に示すような材軸に垂直な曲げひび割れが発生し破壊するものであるのに対して、せん断破壊はせん断力によって材軸に対して45°の角度をもつせん断ひび割れが原因で破壊に至るものである。柱にせん断ひび割れが発生する

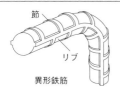

節
リブ

異形鉄筋

❶—鉄筋
コンクリートは鉄の棒である鉄筋で補強されている。
コンクリートとの付着をよくするため
リブや節を表面に設けた異形鉄筋がよく使用される

	コンクリート	鋼材
圧縮力	○	×（座屈）
引張り力	×（ひび割れ）	○
水	○	×（さび）
熱	○	×

❸—コンクリートと鋼材（鉄筋）の相互補完関係
両者はお互いの短所（×）を補い合っている

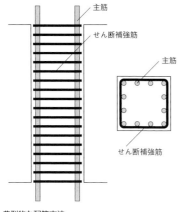

❷—典型的な配筋方法
おもに、主筋は曲げモーメントや軸力に対する補強、
また、せん断補強筋はせん断力に対する補強を目的としている

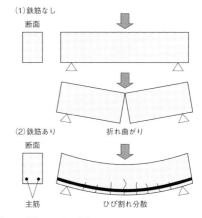

❹—ひび割れの発生と鉄筋の配置
鉄筋はひび割れの拡大を抑える目的で、発生が予想される
ひび割れに対してできるだけ垂直に交わるようにする

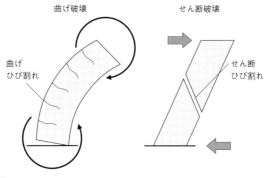

❺—曲げ破壊とせん断破壊
曲げ破壊とせん断破壊は、発生したひび割れの材軸に対する角度
（それぞれ、材軸に対して90°と45°方向）で見分けることができる

と、この45°のひび割れが軸力の維持を困難
にし、建物の崩壊を引き起こす。❷に示した

主筋は曲げ破壊に対して、また、せん断補強
筋はせん断破壊に対して配筋される。　（衣笠）

12 RC造建物の耐震性

Keywords▶ 構造実験、安全性の確認、継続使用性の確認

構造実験の種類

建築構造分野の研究において構造実験は、建物の力学的挙動（強度や剛性の大きさ等）を理解し、理論や設計法の妥当性を検証する手段として重要な位置を占めている。

実験対象となるのは、コンクリート面のせん断伝達や鉄筋とコンクリートの付着特性などの構造材料の力学特性から、柱、梁、壁、筋かいなど構造部材の力学挙動、また、それら部材から構成される骨組み、または、構造物全体の挙動などである。

多くの場合、構造実験は建物全体ではなく、着目する部分だけを取り出した部分構造（柱や梁など）を対象に、建物の中におけるその部分に作用する力を再現できる装置を用いて行われる。また、静的加力装置、動的加力装置、振動台など再現したい挙動に適した加力装置によって載荷する。

❶は柱部材の力学挙動の解明を目的とした静的加力装置による実験状況である。この加力装置は、建物内にある柱部材が受ける力を再現できるものになっている。

構造実験が明らかにする耐震性能

わが国では建築構造物に要求される性能の多くが耐震性、安全性と関係しており、構造実験も地震時の安全性（人命保全）評価を目的とすることが多かった。しかしながら、1995年の兵庫県南部地震、2011年の東北地方太平洋沖地震、2016年の熊本地震など、近年日本国内で頻発する地震被害を背景に、地震が人々の平穏な生活を阻害すること（生活被害）の深刻度や重大性が大きくクローズアップされ、建物の構造性能の社会的重要性に注目が集まると同時に、社会の求める構造性能の質に変化が起きている。これに伴い構造実験の対象が安全性から継続使用性へと拡がりを見せ始めている。

地震によって生じる生活被害の低減を目標とした設計の重要性が認識されるにつれて、要求される構造性能に、人の生活や財産を守ることが加わり、これに伴い、構造性能評価の対象となる部材も、従来の「柱」「梁」「壁」といった構造部材から、これまで性能評価の対象外であった「天井」「窓」「ドア」といった、より建物機能（人の生活）との関係が強いものへと拡がってきている。

❷はこれまで構造性能評価の対象外であった間仕切り壁やドア・窓といった非構造部材の地震時の損傷性状を明らかにする目的で行われた実験の模様である。実大サイズで建物内の部屋が再現されており、地震時にどのような損傷が発生するのかが詳細に調べられた。

また、地震によって生じた損傷の深刻度を、修復に必要な時間や費用の大きさで表現する試みが近年活発に行われるようになった。このためには、ひび割れの幅や長さなどの損傷をできるだけ詳細に、かつ、実際に近

❶─建物内にある柱部材が受ける力を再現できる実験装置

❷─地震時の生活被害を再現する実験装置
白く見えている部分に、実際の建物を模した
間仕切り壁・ドア・窓等をもった部屋がつくられており、
地震力（水平力）が作用した際のこれらの損傷状態を分析する

い損傷の状況を把握する必要がある。❸はこ
の目的で、実物大の5階建て建物を実験装置
に設置し、地震力を模した水平力を作用させ
る損傷実験の模様である。　　　　（衣笠）

❸─実物大の建物を用いた破壊実験
地震によって生じる損傷の深刻度を実物大の
5階建て建物の破壊実験で確認する。
写真左奥にある大きなコンクリートの壁（反力壁）
から右手前に向かって建物を押し引きし、
地震時に建物に発生する損傷を再現する
（国立研究開発法人 建築研究所での実験）

13 地震による木造建物の破壊

Keywords▶ パルス性地震動、層崩壊、耐力壁、
建築基準法の改正

大地震による木造建物の被害

近年発生した地震で木造建物にとくに大きな被害を与えたのは、1995年兵庫県南部地震、2004年新潟県中越地震、および2016年熊本地震などである。これらの地震では、地面が大きく一往復する時間を表す卓越周期が1〜2秒程度のパルス性地震動が発生し、つぎに説明する木造住宅の層崩壊（❶）により多くの人命が失われてしまった。

木造住宅の「層崩壊」

現在日本にある木造建物の大部分は2階建ての戸建て住宅であり、地震時の木造建物の被害はこれらの木造住宅に集中している。木造住宅の地震被害でもっとも避けたいのが、先に述べた層崩壊である。層崩壊は、❶に示すように特定の層（多くは1層、すなわち1階と2階の間の空間）に変形が集中し倒壊する壊れ方である。層崩壊が生じると、その建物の住人の命が危険にさらされるのみならず、倒壊した住宅が道路をふさぐことで救助活動にも支障をきたす場合もあり（❶右）、もっとも避けなければならない建物被害といえる。

次項（本章14）に述べるように、現代の木造住宅では、地震によって建物に作用する力に抵抗できる「耐力壁」を建物規模に応じて適切に設置することが基本とされている。地震で層崩壊に至った建物では、耐力壁の絶対量が不足していたこと、また耐力壁の配置が平面的あるいは立面的にアンバランスであったことなどがおもな原因と考えられている。

建築年代による被害の違い

木造住宅に設置すべき耐力壁の量や配置方法は法令や基準で定められており、その内容は過去の地震被害を教訓として更新されてきている。❷には、2016年熊本地震での木造住宅の被害率を建築年代ごとに示している。1981年と2000年は木造住宅にとって大きな建築基準法の改正が行われた年である。建物の被害率は築年数が短いほど減少しており、建築基準法の改正の影響が大きいことがよくわかる。

2016年熊本地震の教訓

一方で、2016年熊本地震は、熊本県益城町の建物にとっては、適切な構造計画・構造設計がなされていたとしても極めて過酷な条件であった。その理由は、益城町では震度7の地震動が2日間に2度発生したためである。1度目の震度7には耐えられたものの、2度目の震度7によって層崩壊に至った木造住宅もあるとの調査報告がある（❸）。このような事象は、建築基準法や各種の設計規準では現在のところ想定されていない。しかし、現実に発生している以上は、さらなる耐震対策が必要であるといえよう。

（宮津）

❶—2016年熊本地震によって層崩壊した木造住宅
層崩壊が生じると、建物内の人は命の危機にさらされる。
右の写真のように、倒壊した建物が道路をふさぐと救助活動に支障をきたす。
完全に倒壊しなかった場合でもダメージは大きく、建物の継続利用は難しい

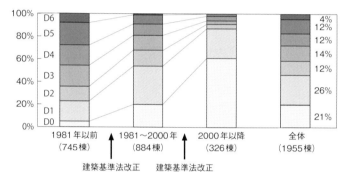

❷—2016年熊本地震における木造住宅の建築年代と被害率の関係
D0は無被害で、D1からD6となるに従って被害が大きくなる。
建築年代が新しくなるほど、大きな被害の割合が低下している

❸—2016年熊本地震での2度の震度7地震動によって倒壊した木造住宅
1度目の震度7地震動には耐えたものの、2度目の震度7地震動により倒壊に至っている

14 木造建物の耐震性

Keywords ▶ 在来軸組構法、壁倍率、
壁量計算、四分割法

<木造建物にどのような影響を与えるか?>

木造建物の構法

一口に木造建物といっても、建物を構成する部材やその組立て方（構法）の違いによってさまざまな形式がある。現代の木造住宅にもっとも多く用いられるのは在来軸組構法である。そのほかには、北米に多い枠組壁工法（ツーバイフォー）や、寺社建築や古民家に見られる伝統構法、中大規模の木造建物を対象として近年開発されたCLTパネル工法などがあるが、前項（本章13）に述べたように、地震時の被害の多くは木造住宅である。ここでは在来軸組構法による建物について説明する。

在来軸組構法とは

在来軸組構法とは、❶に示すように、コンクリート基礎の上に土台・柱・梁により骨組みをつくり、壁面は筋かいや面材で、床面は火打ちや根太、合板などで構成する構法である。これらの中で、地震によって建物に作用する水平方向の荷重におもに抵抗するのは壁面に設置された筋かいや面材であり、これらを総称して「耐力壁」と呼ぶ。耐力壁には、その仕様に応じて、壁の単位長さ当たりの強さを表す「壁倍率」という数値が与えられている（❶）。壁倍率は、つぎに説明する壁量計算において重要な役割を果たす。

地震に耐えるための設計法

現代の日本では、地震に対して安全な建物を設計するための方法（耐震設計法）が用意されている。在来軸組構法による建物の耐震設計法におけるキーワードは、「壁量計算」と「四分割法」である。

壁量計算とは、建物の単位平面積当たりに設置すべき耐力壁の量（壁量）を規定した計算法であり、平面積の大きな建物ほど耐力壁が多く必要となるようになっている。例えば、日本瓦を葺いた2階建ての建物の場合、1階には$0.33 \mathrm{m/m^2}$、2階には$0.21 \mathrm{m/m^2}$の壁量が最低限必要と定められている。各階の平面積が$60\mathrm{m^2}$の場合は、1、2階で必要な壁量はそれぞれ$0.33 \times 60 = 19.8\mathrm{m}$、$0.21 \times 60 = 12.6\mathrm{m}$となる。耐力壁として幅1mの構造用合板を用いると、その壁倍率は2.5なので、1、2階でそれぞれ$19.8 \div 2.5 < 8$枚、$12.6 \div 2.5 < 6$枚が最低限必要である、と簡単な計算で求められる。

一方で、壁量計算により十分な壁量を確保しても、❷のBのように壁の平面配置に偏りがある場合は、地震時に建物全体がねじれるように変形し、最終的に層崩壊に至る危険性がある。そこで、耐力壁の平面的な配置バランスをチェックするのが四分割法である。一般的に、建物の外周部にある壁ほどねじれ変形に大きく影響するため、四分割法では、建物平面の両端から1/4に入る部分の壁量に大きな偏りがないことを確認することとしている。

(宮津)

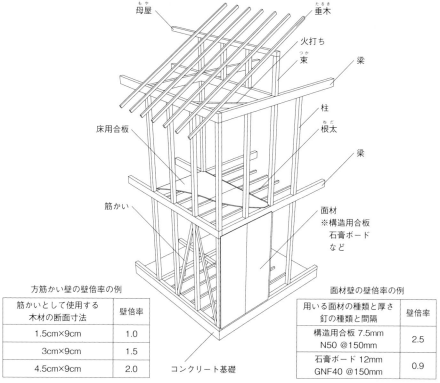

方筋かい壁の壁倍率の例

筋かいとして使用する 木材の断面寸法	壁倍率
1.5cm×9cm	1.0
3cm×9cm	1.5
4.5cm×9cm	2.0

面材壁の壁倍率の例

用いる面材の種類と厚さ 釘の種類と間隔	壁倍率
構造用合板 7.5mm N50 @150mm	2.5
石膏ボード 12mm GNF40 @150mm	0.9

❶—在来軸組構法で用いられる各部材の名称と、代表的な耐力壁の壁倍率の一覧表
在来軸組構法は、木造住宅にもっとも一般的に用いられている構法である。
柱梁に釘で張りつけた面材や筋かいなどの「耐力壁」によって地震に対抗する。
耐力壁の「壁倍率」は仕様で決まる

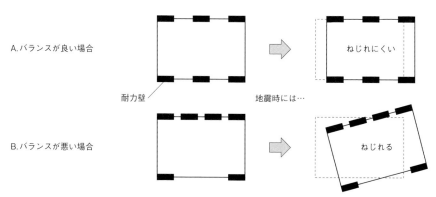

❷—耐力壁の平面配置の重要性
Aのように耐力壁がバランスよく配置されていると、建物はねじれずに変形する。
Bのように耐力壁が偏って配置されていると、ねじれが生じ壁の少ない面が大きく変形する

15 伝統木造と大規模木造の耐震性

Keywords▶ 伝統構法、土塗り壁、エンジニアードウッド、集成材

〈木造建物にどのような影響を与えるか?〉

伝統構法による木造建物

日本の木造建築と聞いたとき、在来軸組構法による近年の木造住宅よりも、古くからある寺社建築や、町屋、古民家などを思い浮かべる人も多いだろう(❶)。このような建物に用いられている構法は「伝統構法」と呼ばれている。

伝統構法では、❷に示すように、大きな断面の製材や丸太材を柱や梁に使用し、それらを相互に切り欠いて組む(木組みする)ことで骨組みをつくる。壁には、木製の下地に土を塗り重ねた壁(土塗り壁)や柱間に板材を落とし込んだ壁(板壁)などが用いられる。地震による荷重に対しては、土塗り壁や板壁のみではなく、大断面の柱や梁も一役買う点が特徴である。

伝統構法による建物は、その形状や規模、用途、仕様が実にさまざまであり、また地震時の挙動について未解明な点も多いため、その耐震性能を一概に述べることは難しい。地震による被害も多様であるが、代表的な被害は壁土の剝落である。

ところで、このような伝統的な木造建物は日本建築の象徴といっても過言ではないが、実は、建築基準法における位置づけは明確ではない。そのため、前項(本章14)に述べた壁量計算のような簡易な設計法は適用できず、また行政による審査に時間や手間を要するなど、伝統構法に特有の問題もあるのが現状である。

近年の大規模木造建物

近年では、中高層の建物や大スパンの建物を木造で建てることが世界各地で試みられている。これらの大規模木造建物では、木材をさまざまに加工したいわゆるエンジニアードウッド(❸)を主要な構造部材として使用する点が特徴である。欧州や北米では、大断面の集成材やCLT(直交集成板)を用いることで高さ20〜40m程度の高層建物も実現されている。日本では、2016年にCLTを用いた工法に関する告示が公布されたこともあり、今後の増加が予想される。

このような大規模木造建物の構法的特徴は、木材同士を大型の金物によって接合する点である。金物接合によって構成された骨組みの力学的性能は、接合部の性能に大きく依存することが多くの実験によりわかっている。そのため、現在でもより良い性能を求めてさまざまな形式の接合方法が提案されている。

一方で、建物全体の耐震性能や地震時の挙動に関する知見については、他の構法の建物に比較すると少ないのが現状である。理由は、建物棟数がまだまだ少なく、そのために実地震による被害例も少ないためである。しかし、近年では例えばE-ディフェンスなどの大型震動台を用いた実大建物の振動実験も行われており、実際の地震を待たずして貴重な知見が得られてきている(❹)。　　(宮津)

❶—代表的な伝統構法の例
柱や梁の断面が大きく、木材同士の木組みによって建物の骨組みが構成される

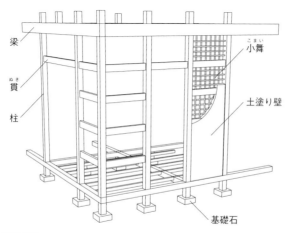

梁

貫 (ぬき)

柱

小舞 (こまい)

土塗り壁

基礎石

❷—伝統構法の仕組みと部材名称

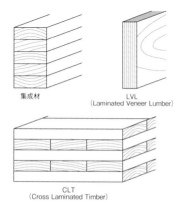

集成材

LVL
(Laminated Veneer Lumber)

CLT
(Cross Laminated Timber)

❸—エンジニアードウッドの例
中大規模の木造建築に多く用いられる

❹—中層CLT建物の実大振動台実験
地震時の挙動を模擬して耐震性能を確認できる

16 地震による鉄骨造建物の破壊

Keywords▶ 溶接接合部、柱脚、
アンカーボルト、座屈、非構造部材

大地震による鉄骨造建物の被害

鉄骨(S)造建物においても、鉄筋コンクリート(RC)造建物や木造建物と同様に、1995年兵庫県南部地震や2011年東北地方太平洋沖地震、2016年熊本地震などでは一定の被害を被った。鉄骨造建物では溶接部や柱脚での被害が多く、また部材が細いがゆえに生じる座屈(たわみ)や、体育館や講堂などの空間構造物での非構造部材(天井や外壁、ガラス)の落下被害も発生している。

溶接部での損傷

鉄骨造建物は、部材同士をボルトや溶接、リベットなどにより接合することで構築される。その中でも、鋼材を溶融させて完全に一体化させることができる溶接は、力学性能、部材の納まりのいずれの観点からも好ましい接合技術である。一方で、溶接接合には高い技術が求められ、その性能は施工者の技量や周辺環境に大きく影響を受ける。1995年の兵庫県南部地震では、梁の端部の溶接接合部で大きな被害が発生した。2016年の熊本地震でも、柱と梁の接合部での被害が多く見られた(❶左)。

柱脚での損傷

鉄骨造の建物でも基礎構造は一般的にはRC造であるため、1階柱の脚部と基礎とは、なんらかの方法により鉄骨部材とコンクリートとを接合しなければならない。その方法としてよく用いられるのは、アンカーボルトによる接合である。コンクリートに埋め込んだアンカーボルトに鉄骨柱を留め付ける施工性にすぐれた接合方法であるが、アンカーボルトの埋込みや本数が不十分の場合には、ボルトの引抜けやコンクリートの破壊が生じる(❶右)。

同様の被害として、体育館などの屋根構造と支持構造との接合部での被害があげられる(❷左)。1階柱脚と同様に、RC造との接合部となり、ボルトの破断やコンクリートの剥落が生じやすい。

座屈による被害

座屈による被害は、鉄骨造建物に特有の被害ともいえる。鋼材は他材料と比べて強度が高いため部材断面を小さくできる一方で、圧縮力に対して座屈が生じやすい。そのため、壁面に設置したブレース材やトラス屋根のトラス材の座屈による損傷や薄板材の局部座屈が発生する(❸)。

非構造部材の被害

2011年東北地方太平洋沖地震では天井材の落下被害が多く発生し(❷右)、2016年熊本地震でも同様の被害が発生した。天井や外壁、内壁などのいわゆる非構造部材の損傷も、ときには人命被害をもたらすことがあるので、その設計・施工には十分に注意を払わなければならない。　　　　　　　(宮津)

〈鉄骨造建物にどのような影響を与えるか？〉

❶—2016年熊本地震での溶接接合部の損傷例（左）と柱脚部のアンカーボルトの引抜け（右）
溶接接合部では欠陥が生じやすく、柱と梁の溶接接合部での被害がとくに多い。
柱脚は鉄骨柱とRC基礎とが接合される部分であり、柱を基礎に固定するアンカーボルトの被害が多い

❷—2016年熊本地震での体育館の鉄骨屋根の支承部の被害（左）
柱脚接合部と同様、RC造との接合部となるため、アンカーボルトの損傷やコンクリートの剥落などが発生しやすい
2011年東北地方太平洋沖地震での体育館の天井落下被害（右）
このような非構造部材の被害も発生している

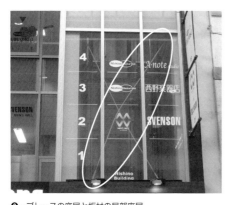
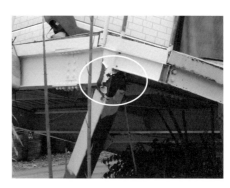

❸—ブレースの座屈と板材の局部座屈
鋼材は強度が高いため部材を細く、また薄くできるというメリットがあるが、
そのために座屈が生じやすいというデメリットもある

17 鉄骨造建物の耐震性

Keywords▶ 高強度、高剛性、座屈、
エネルギー吸収、塑性ヒンジ

〈鉄骨造建物にどのような影響を与えるか?〉

鉄骨造建物の特徴

鉄骨(S)造建物に使われる鋼材の特徴は、同じ断面積をもつコンクリートや木材と比較して強度が高く(壊れにくく)剛性が高い(変形しにくい)ことである。鋼材を使うと、同じ強度を得るために必要となる部材の断面積をコンクリートや木材よりも小さくできる(細くできる)ため、鉄骨造建物は柔らかくスレンダーな印象を与える建物や、競技場・工場などの大空間を覆う建物、都心のオフィスやホテルなどの超高層の建物(❶)、ガラスのアトリウムのような透明空間(❷)、さらに工業化住宅のような小規模建物など、幅広い建物に使われている。一方で、前項(本章16)で述べたとおり、部材が細くなると圧縮する力に対して部材が外側にはらみだす座屈という現象が生じ、強度と剛性を急激に失うため、部材を極度に細くしない、あるいは座屈を抑制する部材を設けるなどの十分な配慮が必要となる。

部材は鉄骨製作工場(ファブリケータ)で作成し、現場で部材と部材を接合し、構造骨組みを組み立てる。したがって、接合部の設計が、耐震性能を含む建築構造の性能、さらには組み立てやすさを支配する要となる。接合部には溶接が多用されるため、工場や現場における接合部の品質管理が重要になる。

鋼材は弾性変形を超えた後の変形能力が高く、また地震エネルギーを吸収する能力が高い。そのため、建物全体としても変形能力は高く、地震に対しては高い性能を有する。

鉄骨造建物の耐震設計

鉄骨造建物は、重力によって常時作用している力や雪・風・中小地震などの短期的に作用する力に対しては、変形後も元の状態に戻るように設計されている。一方、大地震に対しては建物(柱や梁などの骨組み)が弾性変形を超える(塑性化する)ことで、地震によって入力されるエネルギーを建物で吸収するように設計されている。

鉄骨造建物の耐震性能は、建物が水平力に抵抗できる最大の力と、建物が変形できる最大の変形量との積(エネルギー吸収能力)として表現できる。耐震設計の目標は、建物が吸収できるエネルギーが、地震によって建物に入力するエネルギーを上回ることである。現行の建築基準法では、建物の変形能力を構造特性係数 Ds という指標を用いることで簡易的に評価している。

建物のエネルギー吸収能力の重要性

大地震時には、建物を構成する柱や梁の端部には、弾性変形を超えて変形する部分(塑性ヒンジ)が生じる。塑性ヒンジでは、部材の断面の大きさや変形量に応じてエネルギーが吸収される。一般に、塑性ヒンジは建物全体に複数個所発生し、それらの塑性ヒンジで吸収されるエネルギーの総和が地震時に建物全体で吸収されるエネルギーに等しくなる。

よって、各々の塑性ヒンジでのエネルギー吸収能力が高いほど、また発生する塑性ヒンジの数が多いほど建物全体のエネルギー吸収能力は向上する。先述のとおり、建物のエネルギー吸収能力は耐震性能を表す重要な指標であるため、建物全体で吸収できるエネルギーをいかに大きくするかが耐震設計において極めて重要となる。❸にラーメン構造の代表的な壊れ方（崩壊型）を示す。❸(a)のように特定の層においてのみ塑性ヒンジが生じる柱崩壊型に比べて、❸(b)、(c)のように、骨組み全体にわたって塑性ヒンジが発生する全体崩壊型では、経済的な部材断面で高い耐震性能をもつ骨組みを設計できる。　　　　（北村）

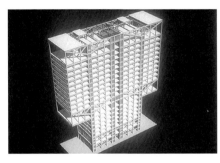

❶—鋼構造超高層建物の骨組みパース
（旧日本長期信用銀行本店ビル）
高強度、高剛性という鋼材の特徴により、
このような高い建物や、
広い空間を覆う建物をつくることができる

❷—ガラスのアトリウム架構
（旧日本長期信用銀行本店ビル）
鋼材を用いることで
部材を細くすることができ、
透明性の高い空間を実現できる

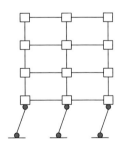
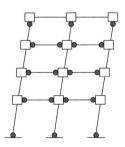
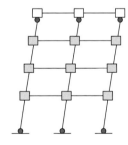

(a) 柱崩壊型　　　　　　　(b) 梁崩壊型　　　　　　　(c) パネル崩壊型

❸—ラーメン架構の代表的な崩壊型
塑性化部が多い梁崩壊型やパネル崩壊型は、
柱崩壊型と比べて吸収できる地震入力エネルギーが大きいため、
経済的な部材断面で設計できる

18 超高層建物の耐震設計

Keywords▶ 時刻歴応答解析、振動解析モデル、固有周期、制振構造

〈鉄骨造建物にどのような影響を与えるか?〉

超高層建物とは

一般に、超高層建物は高さ60mを超える建物をさす。国内で最初に建設された超高層建物は、東京都に建つ霞が関ビル(❶)である。1968年に竣工した地上36階、高さ147mの鉄骨造建物である。その後、国内には多数の超高層建物が建設され、2014年に竣工したあべのハルカス(大阪府、60階建て、鉄骨造建物)では、高さ300mに到達した(❷)。

超高層建物の耐震設計法

超高層建物の耐震設計は、個別の建物ごとに指定性能評価機関の評価を受ける「国交省大臣認定」のルートで規定されている。計算法としては時刻歴応答解析と呼ばれる高度な検証法が適用されている。このとき建物を、柱、梁などを1本1本モデル化し構築した3次元立体フレームモデル、もしくは各層を1つの質量とばねで表現した多質点モデルで表現する。これらは振動解析モデルと呼ばれる(❸)。

超高層建物は、まれに作用する地震動(中小地震:レベル1)に対して建物に損傷が生じないように許容応力度設計を行う1次設計と、ごくまれに作用する地震動(大地震:レベル2)に対して架構の塑性化の程度を検証する2次設計の2段階設計を行っている。2つのレベルで設定された地震動を、先の振動解析モデルに入力し、時刻歴応答解析で耐震性を確認

する。そのため、超高層建物では高さ60mより低い建物に用いられる許容応力度設計に比べ、精通した構造技術者による詳細な検討が行われているといえる。

設計用入力地震動の特性と超高層建物の応答

設計用に用いられる地震動に対する建物の応答のイメージを❹に示す。一般的に固有周期の短い中低層建物では、建物の加速度応答は大きくなる。一方、固有周期の長い超高層建物では、加速度応答が小さくなる。さらに、近年の超高層建物に取り入れられている制振構造の場合は、減衰効果によりさらに建物応答が低減する。

長周期地震動、パルス性地震動に対するそなえ

超高層建物は、設定した地震動の範囲であれば、想定どおりの被害にとどまる設計がなされている。一方、2011年東北地方太平洋沖地震では長周期長時間地震動、2016年熊本地震では周期3秒のパルス性地震動が観測された。また、近い将来の発生が懸念される南海トラフや相模トラフ沿いの海溝型巨大地震や、上町断層地震等の内陸型直下地震では、これまで設定してきた地震動を上回る地震動が想定されている。このため、近年では新しい技術である免震構造や制振構造を超高層建物に適用して、耐震安全性を高める設計が進められている。

(北村・宮津・永野)

❶―国内で建設された最初の超高層建物（霞が関ビル）
1968年竣工、高さ147m

❷―高さ300mに達した超高層建物（あべのハルカス）
2014年竣工

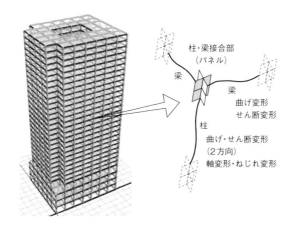

柱・梁接合部
（パネル）

梁

梁
曲げ変形
せん断変形

柱
曲げ・せん断変形
（2方向）
軸変形・ねじれ変形

3次元立体フレームモデル

階全体の質量を
もつ質点

層全体の特性を
表すばね

多質点モデル

❸―超高層建物の解析に用いられる振動解析モデル
検証したい内容に応じて、詳細なモデルと簡易なモデルを使い分ける

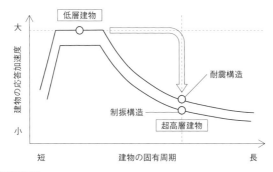

❹―地震動に対する建物応答の変化
超高層建物は振動の周期（固有周期）が長いため、地震時の揺れは小さくなり耐震的な構造となる。
制振構造とした場合は減衰性能が向上し、さらに揺れにくくなる

19 土木構造物の地震被害

Keywords▶ 兵庫県南部地震、
東北地方太平洋沖地震、道路、橋梁、津波

〈土木構造物にどのような影響を与えるか？〉

はじめに

近年の1995年兵庫県南部地震と2011年東北地方太平洋沖地震は改めて、地震防災のあり方に問題を投げかけるものとなったことは周知のとおりである。しかしながら、それ以前から、例えば1923年関東地震、1948年福井地震、1964年新潟地震、1968年十勝沖地震、1978年宮城県沖地震、1983年日本海中部地震、1993年北海道南西沖地震から多くの被害事例を学び、わが国の地震工学や耐震技術は進展してきたことも確かな事実である。こうした歴史的な経緯を踏まえて、本項では改めて兵庫県南部地震と東北地方太平洋沖地震についてふれてみたい。

兵庫県南部地震

❶は気象庁が公開している1995年兵庫県南部地震の加速度記録（南北（NS）成分）である[1]。横軸は時刻（秒）、縦軸は加速度である。縦軸の加速度の単位ガルはcm/s/sを意味する。地震動の主要動の継続時間は後述の東北地方太平洋沖地震に比べれば短いものの、最大加速度は818ガルという極めて高い値が計測されている。これが、どの程度の破壊力の地震だったのかについては、神戸市は地震被害のようすを〈阪神・淡路大震災「1.17の記録」〉[2]として公開しており、その中からの1つを❷に示す。この写真は灘区国道43号線岩谷交差点付近のものである。道路は激しく

変形し広い範囲にわたって、倒壊に至っており、この被害状況から地震動は相当厳しいものであったことが理解できる。兵庫県南部地震は、断層近傍で発生した強烈な地震動として特徴づけることができる。そして、これを教訓として耐震基準が見直されることになった。

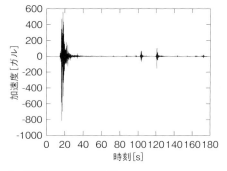

❶—兵庫県南部地震加速度記録

❷—兵庫県南部地震で被災した道路
（灘区国道43号線岩谷交差点付近）

東北地方太平洋沖地震

❸は気象庁が公開している大船渡町で観測された2011年東北地方太平洋沖地震の加速度記録（東西（EW）成分）である[3]。最大加速度も944.1ガルと、兵庫県南部地震を上回る極めて高い値が計測されているばかりでなく、地震動の継続時間もかなり長くなっていることも理解できる。マグニチュードは9.0で、日本での観測史上初であるとともに、世界的に見ても1900年以降、4番目に大きな超巨大地震である。この地震動を特徴づけるものとして、

1）短周期卓越型で広域にわたる大加速度
2）非常に長い継続時間

をあげることができる。

また、この地震動の特徴による土木構造物の被災事例は多数の文献（例えば4）〜7）など）にまとめられている。『東北地方太平洋沖地震被害調査報告』[4]によると、内陸部の新幹線の橋梁において、兵庫県南部地震や2003年宮城県沖地震の教訓から耐震補強を施した橋脚については耐震補強の明確な効果があったという。しかしながら、後述の津波ではなく、地震動そのもので破壊した例も数多く報告されている（例えば文献4）〜6））。

さらに東北地方太平洋沖地震においては、津波による被害は甚大であった。陸地の斜面を駆け上がった津波の高さ（遡上高）は全国津波合同調査グループによると国内観測史上最大となる40.5m[7]であったという。

❹は津波で流出した、橋台背面土の実例（気仙沼市小泉大橋）である[6]。津波によって橋台の背面土は流されてしまっている。さらに橋台そのものも激しい損傷を受けている。資料6）はさらに小泉大橋周辺の被害の甚大さも明らかにしている。

（東平）

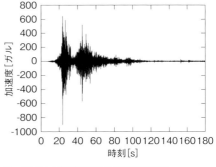

❸—東北地方太平洋沖地震加速度記録（大船渡）

❹—東北地方太平洋沖地震による津波被害例
橋台背面土流失・落橋防止工損傷

20 土構造物の地震被害

Keywords ▶ 斜面崩壊、液状化、すべり崩壊、沈下

〈土木構造物にどのような影響を与えるか?〉

土構造物は、堤防や盛土などの土で構築された構造物をさすが、ここでは視点を拡げ、山地から低地まで広く分布する地盤工学にかかわる土木構造物を見ていく(❶)。

自然斜面の崩壊の影響

山地や丘陵の農業灌漑用の溜池の堤体は、地震によりクラックが発生し変状をきたす。貯留水の流出を招くと、下流域へ大きな被害を及ぼす。ダム上流の斜面崩壊土砂がダム貯留水に流入し(❷)、津波が発生すると、ダム堤体の越流により下流域に大きな被害をもたらす。山地の自然斜面の地すべり崩壊は、道路の寸断をもたらす(❸)。地すべり土砂が河道をふさぐと、自然ダムが形成され、越流時には土石流となり、下流域に大きな被害をもたらす。斜面上の道路盛土は、地震動の強震により変状やすべり破壊を起こす(❹、❺)。

盛土の崩壊

平野に位置する軟弱地盤上の道路盛土や河川堤防は、地震による粘性土地盤の繰返し軟化や砂地盤の液状化により、大きな変状や沈下を起こし、すべり崩壊を起こす(❻)。傾斜地の宅地造成盛土は、強震により、大きな変状を起こし、すべり崩壊を起こす。盛土内に液状化が生じると、盛土内部の地盤が流出し、深刻な変状に至る。

砂地盤の液状化の影響

砂地盤の液状化は、埋立て地を中心に、広範囲に被害をもたらす。建物周辺の地盤の沈下を引き起こし(❼)、地盤の流動により建物基礎に被害が生じる。臨海地域の護岸構造物は、液状化による流動により大きな被害を受ける(❽)。1964年新潟地震では、信濃川河口の広い地域で液状化と流動が生じ、川岸町アパートの沈下・転倒、昭和大橋の落橋、新潟空港一面の液状化をもたらした。1995年兵庫県南部地震では、ポートアイランドなどの埋立て地で液状化と流動が生じ、港湾施設に大きな被害が生じた。2011年東北地方太平洋沖地震では、東京湾沿岸の埋立て地や利根川下流域の広域で液状化が生じ、数千棟に及ぶ戸建て住宅が沈下や傾斜の被害を受け、社会問題となった。

(塚本)

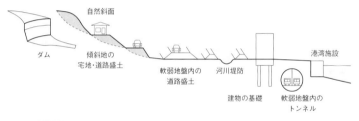

❶—地盤にかかわる土木構造物

❷─荒砥沢ダム上流の大規模斜面崩壊。崩壊土砂が湛水に流入。ダム越流はなかった（2008年岩手・宮城内陸地震）

❸─道路を巻き込む斜面崩壊。道路の長期的な寸断をもたらした（2004年新潟県中越地震）

❹─斜面上の道路のり面の崩落。多数発生した（2007年能登半島地震）

❺─液状化による、埋立て地盤上の崖下道路盛土のすべり崩壊（茨城県ひたちなか市、2011年東北地方太平洋沖地震）

❻─液状化による、小貝川堤防の多数地点ですべり崩壊（2011年東北地方太平洋沖地震）

❼─液状化による、建物周辺の砂地盤の沈下。そのため、段差が生じた。（千葉県香取市、2011年東北地方太平洋沖地震）

❽─液状化による、護岸の流動。橋脚基礎が損傷に至る（1995年兵庫県南部地震）

21 地震による地盤災害

▶Keywords▶ せん断破壊、液状化、
斜面崩壊、山体崩落、宅地盛土

地盤のせん断破壊

地盤は、おもにせん断破壊を起こす。通常、地盤内に作用するせん断応力は、地盤のもつせん断強さより低い状態にあり、安定している。しかし、地震動の繰返しせん断応力を受けると、地盤に作用するせん断応力が、地盤のもつせん断強さを上回り、せん断破壊に至り、大きく地盤変状を起こすことになる。ここに、地形と地質の影響が大きく介在してくる。また、大きく地盤が破壊を生じるところは、海や湖、河川などの水際であり、山地でも沢地形で水の流れが存在するところが多いため、つぎの項（本章22）で詳しく述べる液状化に類似した現象が生じることがある。

都市域と山間域を襲う地震

自然災害の観点から、都市域を襲う地震と山間域を襲う地震に分けるとわかりやすい。山間域はおもに、山地・丘陵地に位置し、自然斜面の崩壊が脅威となる。都市域はおもに、海に面する平野に位置し、軟弱な地盤が存在し、地盤の液状化の影響を強く受ける。

山間域を襲う地震による地盤災害

2004年新潟県中越地震では、新潟県旧山古志村を中心とする第三紀の堆積岩からなる山間において、無数の流れ盤地すべりが生じ、崩壊土砂により道路の寸断が多数生じた（❶）。数日前の降雨が、風化が進行した地層に浸入し、地震動の作用により液状化に類似した現象が生じ、崩壊に至った。あとには、未風化のきれいな表面をもつ流れ盤が露出していた（❷）。この後、地すべり土砂が河道を塞ぎ、天然ダムの形成を招き、天然ダム上流への湛水により、地すべり土砂の土石流化が懸念されることとなった。また、沢地形をまたぐ道路盛土の崩壊や、斜面上の道路の盛土部分の崩壊が多数生じた（❸、❹）。当時、原状復旧にとどまらない「強化復旧」の必要性が謳われた。2008年岩手・宮城内陸地震では、宮城県栗原市の荒砥沢ダム上流において、大規模な陥没形状を有する山体崩落が生じ、道路の寸断をもたらした（❺、❻）。崩落した大量の土砂は、ダム湛水に流入したが、ダムを越流せず、下流域への影響がなかったのは幸いであった。

都市域を襲う地震による地盤災害

砂地盤の液状化は、地盤の変状や流動をもたらし、甚大な被害をもたらす（❼）。ライフラインを担う埋設管渠は損傷し、埋設管渠やマンホールが浮き上がると、道路の交通機能が不能となる（❽）。住宅は沈下や傾斜を生じ、居住に影響を及ぼす。道路盛土や河川堤防は変状やすべり崩壊を生じ、道路網の遮断や河川流へ影響をもたらす。運輸・エネルギーにかかわる重要施設が立ち並ぶ港湾地域では、護岸の流動と地盤の変状により、機能を果たせなくなる。　　　　（塚本）

❶―大規模な斜面崩壊による、道路の寸断
（2004年新潟県中越地震）
奥に、崩壊土砂による河道閉塞で生じた自然ダムが見える

❷―地すべり後の斜面に未風化の堆積軟岩の層理面の出現
（2004年新潟県中越地震）

❸―沢地形に盛られた道路盛土の崩壊
（2004年新潟県中越地震）

❹―斜面上の道路の盛土部分の崩壊
（2004年新潟県中越地震）

❺―荒砥沢ダム上流の斜面崩壊の滑落崖
（2008年岩手・宮城内陸地震）

❻―大規模斜面崩壊による道路の寸断
（2008年岩手・宮城内陸地震）

❼―液状化により、埋立て地の学校が一面噴砂に
（2011年東北地方太平洋沖地震）

❽―液状化による、マンホールの浮き上がり
（2011年東北地方太平洋沖地震）

Keywords▶ S波、有効応力、過剰間隙水圧、
ダイレイタンシー

〈土木構造物にどのような影響を与えるか？〉

液状化のプロセス

地盤内を伝搬する地震波には、P波（圧縮波）、S波（せん断波）、表面波があるが、地盤の液状化の主要因となるのは、S波と考えられている。一般に、地盤は深いほど硬く、表層に近いほど軟らかくなる傾向にあり、地盤のもつ剛性は浅いほど低くなる傾向にある。このような地盤内をS波が伝搬すると、表層に向かうにしたがい地震波の伝搬方向が地表面に垂直になり、表層付近の土要素は、繰返しせん断応力の作用を受けることになる。

❶に、地盤内の応力状態の変化に着目した液状化のプロセスを示す。❶の左に示すように、地下水面下の地盤内の土要素は、静水圧を受ける。ここで、土質力学のもっとも重要な有効応力の原理から、地盤内の土要素に作用する応力は、砂粒子骨格の噛み合いによる有効応力と、間隙水圧とからなる。❶の中央に示すように、土要素に地震動による繰返しせん断が作用すると、過剰間隙水圧が発生し、その増加とともに砂粒子骨格の噛み合い

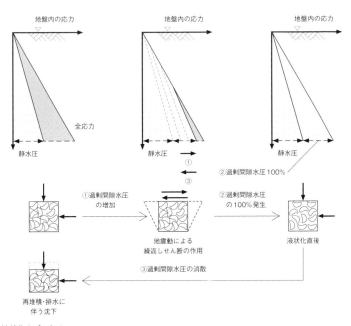

❶—砂地盤の液状化のプロセス
地震繰返しせん断により、過剰間隙水圧が発生。過剰間隙水圧の消散により、排水に伴う沈下が生じる

による有効応力は減少していく。❶の右に示すように、過剰間隙水圧が100%発生すると、ついに有効応力はゼロとなる。こうなると、砂粒子は水の中に浮いたような状態になり、飽和砂地盤は液体状になる。

　地震動の作用が終了すると、過剰間隙水圧は消散をしはじめ、有効応力は回復する。最終的に、砂粒子の再堆積に至り、過剰な間隙水の排水に伴う地表面の沈下を生じ、地盤内の応力は、❶の左下に示す状態に戻る。

砂のダイレイタンシー

　❶に示したように、地震動による繰返しせん断により、過剰間隙水圧が発生する。その理由は、砂特有のダイレイタンシーにより説明することができる（❷）。飽和したゆるい砂をゆっくりと一方向にせん断すると、間隙水が流出し体積収縮する。一方、密な砂をせん断すると、間隙水が流入し体積膨張する。このようなせん断に伴う体積変化をダイレイタンシーという。今、ゆるい砂から、かなり密な砂まで、ゆっくりと繰返しせん断すると、間隙水が流出し、徐々に体積収縮していく。しかし、地震動のように急速に生じる繰返しせん断では、間隙水が流出する時間がなく、砂は体積変化を起こす暇がない。つまり、急速な地震動による繰返しせん断によって、砂は、体積変化の発生の代わりに、過剰間隙水圧の発生を被ることになるのである。

液状化の痕跡

　このようなプロセスを経る砂地盤の液状化は、地盤内に液状化した泥水の流れみちである液状化痕を残し（❸）、地表面に噴砂をもたらすことになる（❹）。　　　　　　（塚本）

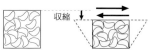

(a) 単調せん断（ゆるい砂）　収縮

(b) 単調せん断（密な砂）　膨張

(c) 繰返しせん断　収縮

(d) 繰返しせん断（非排水＝体積一定）　過剰間隙水圧の発生

❷──過剰間隙水圧の発生メカニズム
砂のダイレイタンシー（せん断に伴う体積変化）により、地震動非排水条件下で過剰間隙水圧が発生する

❸──液状化痕。 液状化した被圧泥水は、上層へ貫入し、液状化痕を残す（潮来市トレンチ調査）

❹──被圧泥水の噴出。 液状化した被圧泥水は、地表に噴出し、噴砂として堆積する（2000年鳥取県西部地震）

II 多様な災害をとらえ対策を立てる

ここ10年間で、地震災害にとどまらず、
とくに地球温暖化に伴う気候変動により
多数の自然災害が発生している。
2018年に発生した西日本豪雨では、河川の氾濫により
岡山県真備町で多数の犠牲者が発生した。
大型台風による被害もコンスタントに発生しており、
近年では竜巻等による被害も多く見られる。
大規模な地震発生に伴い、液状化や土砂災害、
斜面崩壊等を含む地盤災害も多数勃発し、
台風、豪雨等との複合災害も問題になりつつある。
1923年に発生した関東地震では、
地震後に発生した炎を伴うつむじ風（火災旋風）により
東京・本所の陸軍被服廠跡で多くの死者が
発生しており、複合災害の代表例ともいえる。
本章では、津波災害、水災害、土砂・地盤災害、
風災害、火災等の発生メカニズムを
解説するとともに、その対応策を通じ、
多様な災害を概観する。

1 津波の被害

Keywords ▶ 近地津波、遠地津波、
1896年明治三陸地震、2011年東北地方太平洋沖地震

日本を襲った津波

　日本を襲う津波は、日本周辺海域で発生する近地津波と海外で発生した遠地津波の2つに大別される。近地津波は地震発生後、数分から30分程度で沿岸に到達するため、避難する時間が短いことが特色である。一方、遠地津波は、地震発生後約1日程度をかけて大洋を伝搬して日本に到達する。

　明治以降に日本近海で発生し、かつ人的被害が発生した津波を❶にまとめる。日本で史上最大の津波災害であったのは、1896年明治三陸地震である。この地震の規模を表すマグニチュード(M)は8.2であり、観測史上最大規模の2011年東北地方太平洋沖地震(M9.0)と比較すると、マグニチュードは小さい。この地震により各地で観測された震度は、現在の震度2から震度3に相当する比較的小さいものであったが、地震発生から約30分後に大津波が突如襲来した。津波は青森県から宮城県までの太平洋沿岸を襲い、最大津波高は38.2mであった。

　一方、1960年チリ地震津波は、明治以降に遠地津波で犠牲者が出た唯一の津波災害である。この地震は、観測史上最大規模の地震(M9.5)が発生し、日本でも最大津波高6.1mを記録した。地震発生後、22時間30分後に第一波の津波が到達したが、そのときはまだ

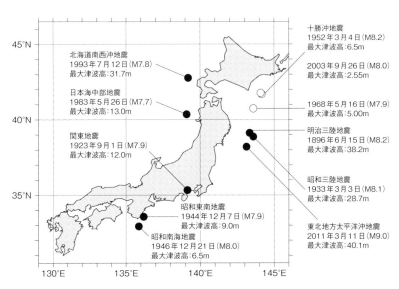

十勝沖地震
1952年3月4日(M8.2)
最大津波高:6.5m

2003年9月26日(M8.0)
最大津波高:2.55m

北海道南西沖地震
1993年7月12日(M7.8)
最大津波高:31.7m

日本海中部地震
1983年5月26日(M7.7)
最大津波高:13.0m

1968年5月16日(M7.9)
最大津波高:5.00m

明治三陸地震
1896年6月15日(M8.2)
最大津波高:38.2m

関東地震
1923年9月1日(M7.9)
最大津波高:12.0m

昭和三陸地震
1933年3月3日(M8.1)
最大津波高:28.7m

昭和東南地震
1944年12月7日(M7.9)
最大津波高:9.0m

東北地方太平洋沖地震
2011年3月11日(M9.0)
最大津波高:40.1m

昭和南海地震
1946年12月21日(M8.0)
最大津波高:6.5m

❶—日本近海で発生した代表的な津波

津波警報が発表されていなかった。結果としてこの津波では、142人が犠牲になった。

津波による被害

　津波は一瞬にして陸上の多くの人命と財産を奪う。❷は2011年東北地方太平洋沖地震による津波高を緯度方向にプロットしたものである。岩手県から福島県に至るまで津波高が10mを超える大津波が来襲し、最大津波高40.1mを記録した。❸は2011年東北地方太平洋沖地震における被害状況を都道府県別に整理したものである。なお、これは津波だけでなく、地震等による被害も含まれることに注意されたい。死者・行方不明者数は、22,199人であり、全壊・半壊をあわせると、402,743棟の住家被害が発生した。この内、10m以上の津波が襲来した岩手県、宮城県、福島県の3県の死者・行方不明者は22,080人であり、全体の99%に相当する。また、住家は360,239棟が全壊・半壊しており、全体

の89%を占める。これらのことから、東日本大震災では、津波によって被害が拡大し、激甚災害となったといえる。

（片岡）

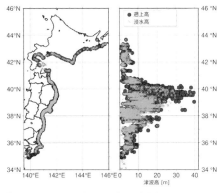

❷—2011年東北地方太平洋沖地震の津波高

	人的被害（人）			住家被害（棟）				
	死者	行方不明者	負傷者	全壊	半壊	一部破壊	床上浸水	床下浸水
北海道	1	0	3	0	4	7	329	545
青森県	3	1	110	308	701	1,005	0	0
岩手県	5,140	1,116	211	19,508	6,571	18,985	0	6
宮城県	10,564	1,225	4,148	83,003	155,130	224,202	0	7,796
福島県	3,811	224	182	15,224	80,803	141,044	1,061	351
茨城県	66	1	714	2,632	24,999	187,892	75	624
千葉県	22	2	261	801	10,152	55,043	157	731
東京都	8	0	119	20	223	6,565	0	0
神奈川県	6	0	137	0	41	459	0	0
上記以外	9	0	345	285	2,338	109,328	6	22
合計	19,630	2,569	6,230	121,781	280,962	744,530	1,628	10,075

❸—2011年東北地方太平洋沖地震における被害状況

2 津波発生のメカニズム

Keywords▶ 海溝型地震、プレート境界、
津波の伝搬速度、長波の波高増幅

津波の発生要因

　津波は、主として断層運動による海底地殻変動や断層破壊によって海表面が隆起・沈降することによって発生する。

　日本列島周辺の海底地形とプレートの位置関係を❶に示す。日本列島は4つのプレートに囲まれており、列島の太平洋側に大陸プレートと海洋プレートの境界がある。水深が6,000m以浅のプレート境界を「トラフ」、6,000m以深のプレート境界を「海溝」という。南海トラフは、ユーラシアプレートにフィリピン海プレートが沈み込むことで形成され、日本海溝は、北米プレートに太平洋プレートが沈み込むことで形成される。前者は南海・東南海・東海地震の震源域であり、後者は明治・昭和三陸地震や2011年東北地方太平洋沖地震の震源域であり、わが国における近地津波の主要な波源域である。

　このようなトラフや海溝で発生する地震を「海溝型地震」という。海溝型地震による津波の発生メカニズムを❷に示す。海洋プレートがゆっくりと大陸プレートに沈み込む(❷中の(a))。大陸プレートと海洋プレートのプレート境界で大陸プレートが地下に引きずり込まれ、ひずみが蓄積する(❷中の(b))。大陸プレートがひずみに耐えられなくなり、跳ね上がることで海表面が隆起され、津波が発生する(❷中の(c))。津波は波高を増幅させながら、沖合から沿岸に伝搬する(❷中の(d))。海溝型地震は、この過程を経て周期的に発生する。

津波の伝搬と波高増幅

　発生した津波は、海表面を伝搬し、やがて

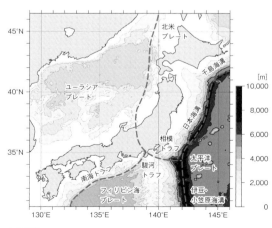

❶—日本列島周辺のプレートと海溝

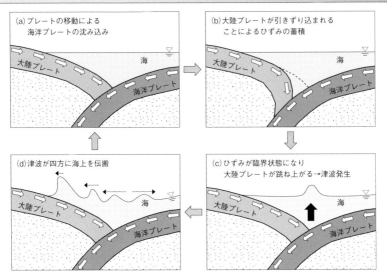

(a) プレートの移動による
　　海洋プレートの沈み込み

大陸プレート　　海

海洋プレート

(b) 大陸プレートが引きずり込まれる
　　ことによるひずみの蓄積

大陸プレート　　海

海洋プレート

(d) 津波が四方に海上を伝搬

大陸プレート　　海

海洋プレート

(c) ひずみが臨界状態になり
　　大陸プレートが跳ね上がる→津波発生

大陸プレート　　海

海洋プレート

❷─海溝型地震による津波の発生メカニズム

陸域を襲来する。津波は、波長Lが水深hに比べて大きい長波（$h/L < 1/20$の波）に分類される。津波の波長Lは、地震の震源域の幅で決まり、100kmのオーダである。一方、海洋の水深hは、平均的に2〜5kmである。したがって、$L \gg h$であり、津波も長波として取り扱うことができる。

　津波の伝搬速度Cは、長波の波速の式より水深hと重力加速度（$9.8 \mathrm{m/s^2}$）で求まる。例えば、1960年チリ地震津波は、約24時間後に日本に到達した。太平洋の平均水深（4km）を用いると、

$$C = \sqrt{9.8 \times 4000} = 198 \mathrm{m/s} \quad (1)$$

となる。チリから日本までの距離（約17,000km）から津波到達時間tを見積もると、

$$t = 1.7 \times 10^7 / 198 \approx 85859 s \approx 23.8h \quad (2)$$

となり、実際の到達時間とおおむね一致する。このことから、津波が長波の波速で伝搬していたことが確認できる。

　津波の伝搬速度は、沖合から沿岸に向かっ

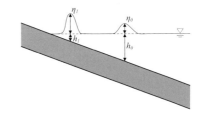

❸─津波の波高増幅の模式図

て水深が浅くなるに従って減速する。その結果、沿岸に近づくに従い、津波の波高は高くなる。このような長波の波高増幅は、グリーンの法則で表現される（❸）。例えば、水深1,000mの沖合で波高1mであった津波が水深10mの沿岸に伝搬した場合、波高ηはグリーンの法則から

$$\eta = 1 \times (1000/10)^{1/4} = 3.2 \mathrm{m} \quad (3)$$

となり、波高が3倍程度に増幅する。増幅した津波は、やがて陸域に到達し、遡上しながら甚大な被害をもたらす。

（片岡）

3 津波対策と津波避難施設

Keywords▶ 津波対策、津波避難施設、避難タワー

津波対策の種類

東日本大震災では、岩手県、宮城県、福島県の3県で2万人を超える死者・行方不明者がでたが、その約9割が津波による溺死であった。今後も大災害が予想される太平洋沿岸部では、津波避難対策が直近の課題となっている。津波避難対策は、2つの視点から整理される。1つ目は住民による「自助」、地域社会による「共助」、県による「公助」という、どの立場でどのような手立てを取るかという視点である。2つ目は、構造物の建設や整備などハード面と、避難誘導や情報の伝達などをソフト面に分けてとらえる視点である(❶)。ソフト面の津波避難対策は、「自助」では非常もち出し品の準備、避難場所の確認、正確な防災情報の入手、「共助」では防災訓練の実施、避難誘導、避難所の運営、「公助」では耐震補助制度、ハザードマップの作成・公表、要支援者名簿の作成、案内板・海抜標識の設置などがある。

津波避難施設の特徴

ここでは土木工学、建築学に沿ってハード対策にあたる津波避難施設をとらえてみよう。その種類で、収容できる人数や建設費、建設にふさわしい敷地など特徴が異なっている。

津波避難タワーは堤防の建設やマウンドの造成よりも安価に建設工事が可能で、狭い土地でも建てられる(❷)。しかし何千人もの避難者を収容することは困難である。また日常利用を行わず閉鎖されていることが多い。平常時は景観を損なうともいえ、日常の有効利用が課題視される。

津波避難ビルは、通常会議室やオフィスとして活用され、防災倉庫や集会所等も整備しやすい(❸)。十分な耐震性や耐浪性をもつなどの条件を満たす場合、適切な整備を行うことで既存の建物を活用可能である。

津波避難マウンドはある高さに盛り土したもので、一般的に津波避難タワーよりも大勢の避難住民を収容でき、整備が容易で耐用年数も長く、平常時は防災公園として利用できる(❹)。一方で建設工事が大規模になりやすく、別の建設工事の発生土を盛り土に再利用するなど、建設費用を抑制する工夫が求められる。

津波避難シェルターは、崖に横穴を掘って設けるため避難施設を新設する土地がない地域で、十分な高さの崖のある地域に適している(❺)。避難に階段等の昇降もないため、高齢者や障害者等の避難行動要支援者でも避難が容易である。ただ扉の開閉など、住民による事前の訓練が必要な部分が多い。

防潮堤は津波による浸水範囲を抑えるが、これを越える波に対して防災効果が落ちる。また、建設工事費の高さと、沿岸の景観や生態系を損なう点などが欠点となる。

保安林は、木々が波力を弱めるのに加え、漂流物を捕捉し沿岸付近にとどめることがで

	ソフト対策	ソフト・ハード両面の対策	ハード対策
自助	①自主防災組織活動への参加　②避難場所、避難経路の確認　③備蓄品のそなえ　④地域危険箇所の確認　⑤個別避難カルテの作成	①防災行政無線　②住宅の耐震診断	①家具の転倒防止　②住宅の耐震改修　③ブロック塀の撤去、改修、生け垣の設置
共助	①地域防災計画の策定　②避難行動要支援者への支援　③住民への連絡支援　④学習会、研究会の実施による防災活動の普及		
公助	①ハザードマップの作成、更新　②備蓄力量の産業化　③防災知識の普及　④防災訓練の実施　⑤津波警報、注意報の発令準備　⑥津波情報の伝達手段の整備　⑦津波からの避難方法の検討	①住宅の耐震診断補助　②住宅の耐震設計の指導、補助　③木造住宅耐震化への補助　④ブロック塀の改修、撤去への補助　⑤浸水の危険性の低い地域の土地利用策定　⑥幹線避難道路上の障害物撤去	①標識、看板、誘導灯等の設置　②津波避難路の整備　③水門の操作　④河川・港湾施設の巡視、維持管理　⑤学校施設の外階段整備

❶─津波対策の例（高知県黒潮町）
「自助、共助、公助」、および「ソフト対策、ハード対策」別にとらえるとこのように整理される。
ソフト対策は情報や事務的なもの、ハード対策は物理的な環境に関するものをさす。実に多岐に対策が打たれていることがわかる

❸─津波避難ビルの表示
区役所、町会、ビル所有者の三者で使用条件等を協議後、協定を締結した場合に掲示される

津波避難ビル
Tsunami Evacuation Bldg.
해일대피빌딩
K-001

❷─津波避難タワー
狭い敷地に合わせて建ち500人が避難できる

❺─津波避難シェルター
沿岸部で津波の到達時間が短く危険なエリアにおいて、発災後即時に身を守る設備として有用である

❹─静岡県の津波避難マウンド
5か所から昇ることができ、1,300人が津波から避難できる

❻─津波避難救命艇
津波避難シェルターと同様、津波到達時間の短いエリアにおいて、津波の激しい流れや瓦礫から逃れるための乗り物である

きる。しかし、適切な地盤整備、植樹を経てから防災機能をもつまでの整備期間の長さが課題としてあげられる。

　津波避難救命艇は設置が容易で、高齢者などの要避難支援者も容易に避難ができる（❻）。

一般住宅の収納に収まる小規模なものから、25人を収容できる艇体をもつものまで、さまざまな形態をもつ。現行の耐震基準を満たさない住宅の居住者には、設置費用の補助金を助成する自治体が多い。　　　　（垣野）

Keywords▶ 防潮堤、防波堤、マウンドの洗掘、ケーソンの滑動

沿岸部での津波と特徴

津波は沖合では波としてふるまうが、沿岸部に近づくと波の伝わる速さが遅くなるため、波高が高くなり、それとともに海水全体が流れとなって押し寄せる。また、津波は繰り返し来襲し、1回目より2回目のほうが大きくなることもある。このような特徴を考慮して津波に強い施設をつくることが必要となる。

津波に強い防潮堤

東日本大震災では、東北地方を中心に高い津波が何度も海岸線に来襲した。その高さは場所によっては防潮堤の高さの倍ほどもあった。このため、防潮堤は、大規模越流をしても壊滅的に壊れないようにつくることが必要となる（❶）。

ところで、防潮堤は❷に示すように、基本的に盛土でつくられており、防潮堤が崩壊しないようにするには、海側と陸側の両方の盛土の基礎部での土砂の洗掘（削り取られること）を抑えるとともに、盛土部の土砂が流失しないようにすることが重要となる。つまり、防潮堤の盛土の基礎部を補強するとともに、防潮堤の盛土部分に水が入り込まなくする工夫が大事である。

❶—整備の進む防潮堤の例

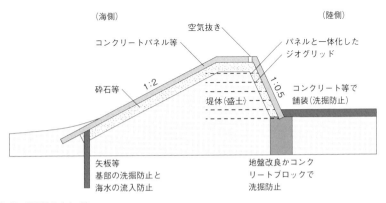

❷—津波に強い防潮堤のイメージ
海側ののり勾配を1:2とし、陸側ののり勾配を急勾配にして用地面積を少なくする。
堤体の海側基礎部は止水と洗掘防止のため矢板を設置し、陸側基礎部は地盤改良等で洗掘を防止する。
堤体（盛土）部は砕石とコンクリートパネルで被覆し、堤体盛土内に水が浸入することを避ける

〈津波にどう対応するか？〉

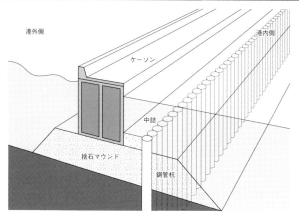

港外側　ケーソン　港内側

中詰

捨石マウンド

鋼管杭

❸—鋼杭補強式防波堤のイメージ
既設の防波堤の港内側に鋼管杭を列状に配置し、ケーソンとの間に中詰をすることで、
ケーソンに過大な水平力が作用したときに鋼管杭がケーソンに押され、
結果としてケーソンの水平抵抗力が増大し、港内の津波高さをおさえることができる。
鋼管杭を列状に配置することで、越流水によって背後地盤が洗掘を受けたときでも、鋼管杭が洗掘の拡がりを防止できる

　防潮堤の海側基礎部には、洗掘防止対策とともに、海水が堤体（盛土）内部に浸入しないような構造物をつくることで防潮堤を強くする。防潮堤の陸側基礎部は越流した水によってたたかれて洗掘するので、洗掘が起きないようにコンクリート等で舗装するか、そもそも洗掘されても防潮堤が崩壊しないで済むように地盤改良や大型ブロックを施工することで基礎の洗掘対策が必要となる。防潮堤本体に関しては、水が浸入しないようにつくることが肝心であるが、水が浸入した場合でも堤体盛土の中心にまで水が浸入しないように工夫することが大事である。これまでの研究の結果から、防潮堤を砕石のような大きな粒子の土砂の被覆とコンクリートパネル等の被覆を組み合わせることで堤体内部に水が浸入しにくくなることがわかっている。

津波に強い防波堤

　防波堤は港の中の静穏を維持するようにつくられており、航路があるため、来襲する津波の高さは防潮堤の場合よりも低い。このため、越流することはほとんどない。

　日本の防波堤は、❸に示すように、石材による捨石マウンドと中に土砂を詰めたコンクリートの箱である大型ケーソン（箱型の躯体）を組み合わせた構造が多く、東日本大震災で津波の被害にあった防波堤では、マウンドの洗掘やケーソンの滑動（すべってうごくこと）によって被災した。

　ケーソンの滑動は、ケーソンに作用する波力（津波力）が非常に大きくなることで生じるため、それに対する対策としては、ケーソンの滑動抵抗を大きくすることが要求される。❸には、鋼管杭を用いて、地盤の受働抵抗を期待することで水平抵抗を増加させる工夫がなされた構造を示す。この構造を用いると、マウンドの洗掘もおさえることができる。

（菊池）

5 水災害の被害

Keywords▶ 洪水災害、土砂災害、堤防決壊、越水

災害の分類

昨今の雨の降り方の変化を実感している人は多いであろう。水災害のきっかけは大雨が降り、数時間の集中的な雨もあれば、数日間にわたり継続的に降る雨もある。一般に前者は狭い範囲における中小河川の水害や土砂災害を発生させ、一方後者は、広い範囲にわたり、大河川の氾濫を引き起こすことが多い。

2013年から2018年の6年間だけでも2013年伊豆大島土砂災害、2014年広島土砂災害、2015年関東・東北豪雨、2016年北海道・岩手豪雨、2017年九州北部豪雨、2018年西日本豪雨と毎年甚大な被害をもたらす水災害が発生している。豪雨による水災害は大きく分けて「洪水災害」と「土砂災害」に分類される。

近年の洪水災害の特徴

洪水災害では、河川から水があふれたり(外水氾濫)、河川に流入する水路や下水道から氾濫したりし(内水氾濫)、河川の周辺域が浸水する。氾濫流が強いと、家屋周辺の地盤が浸食し流失するケースもある。❶は2015年関東・東北豪雨における鬼怒川の堤防決壊のようすを示す。このように、決壊地点から堤内地側に河川水が流れ込み、この流速は4m/sを超え、河川流より高速となる。いったん、堤防が決壊すると、平地部分の広い範囲が浸水し、この豪雨時では常総市の1/3の面積(40km²)が水没した。また、堤防決壊地点の周囲では、多く家屋が流されており、甚大な被害が発生している。

堤防決壊のメカニズムとしては、河川水が

❶—2015年関東・東北豪雨時における鬼怒川堤防の決壊写真

堤防決壊　氾濫流

❷—2018年西日本豪雨による高梁川水系小田川の堤防決壊のようす

堤防を乗り越える「越水」が主要因であると知られている。河川堤防の大部分は土で出来ており（土堤の原則）、土（とくに砂質分）は流水により浸食されやすいため、越水は堤防決壊の大半を占めている。鬼怒川では越流水深は最大20cm、越流時間が2時間で決壊したといわれており、わずかくるぶし程度の水深が2時間続く越水が起こるだけで、大きな堤防はもろくも決壊してしまう。

　❷は、2018年西日本豪雨により大規模な氾濫が生じた岡山県を流れる小田川の堤防決壊のようすを示している。浸水は非常に広い範囲にわたっており（浸水面積12km²）、多くの家屋が水没しているようすがわかる。このエリアは、高梁川とそこに合流する小田川の堤防に挟まれた低地であり、河川から氾濫した水はこの低地に流れ込むとたまりやすく排水されづらい状況となり、結果として大規模な浸水に至っている。小田川の洪水氾濫の最大の特徴は、5mを超える浸水の深さが広い範囲で発生していることである。これを家屋の高さと比べると、家屋の1階部分はおよそ

3mであり、浸水深5mは2階の大部分を水没させ大人でも立っていられない深さである。このため、西日本豪雨により、小田川が流れる倉敷市真備町では死者が51人に達する甚大な被害となった。西日本豪雨では全体で245人の死者・行方不明者数となっており、平成最悪の豪雨災害となっている。

近年の土砂災害の特徴

　一方、土砂災害は大雨や地震により、山の斜面が崩壊し、地すべりや土石流が発生し、家屋や人への被害をもたらすものである。2013年、東京都大島町（伊豆大島）にて発生した大規模土砂災害では、総雨量800mmで、時間雨量100mmを4時間以上継続するという極端な豪雨が局所的な範囲に発生し、大島町の元町エリアで大規模な土石流が発生した。土砂災害の特徴としては、被害範囲は一般に狭いが、被害エリアでの人的・物的被害は非常に大きいことである。

（二瓶）

6 水災害発生のメカニズム

Keywords▶ 洪水氾濫、単断面河道、複断面河道、築堤、引堤、掘削

河川氾濫はなぜ発生するか

　地表面に降った降水は、「蒸発散」や地下への「浸透」のほかに、地表面を流れる「流出」に分配される。地下浸透や流出した水の一部は河川に集まる。この降水が河川に集まる範囲を「流域」と呼ぶ。流域内の降水により、単位時間当たりに河川のある断面を通過する水の量（＝流量Q）が変化し、洪水流が河川を流下できるかどうかが重要である。例えば、「流しそうめん」を想像する。流しそうめんを流す半円状の竹に、上流側からホースで水を流す。ホースからの水が少量（流量が小さい）時には竹の中を水は流れるが、ホースからの水の量を増やすとあるところで、竹から水があふれる。これが「洪水氾濫」である。

　同じことを河川で考える。流域に少量の雨が降ると、河川を流れる流量は小さいので、小さな断面積の河川でも水を流下できる。一方、降雨量とともに流量が増えると、河川横断面の水位は上がり、その後、河川から水が溢れて氾濫が発生する。そのため、河川整備の基本は、河川の横断面をいかに拡げるか、もしくは、ダムなどをつくり河川の流量を減

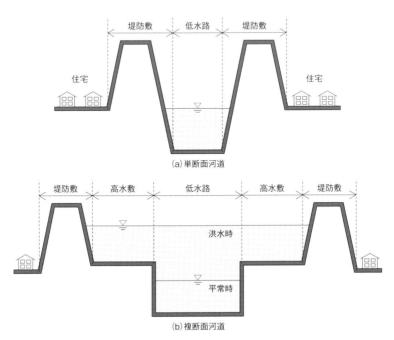

（a）単断面河道

（b）複断面河道

❶—河川の横断面形状

らすか、この2つに尽きる。

河川の横断面形状の特徴

わが国の河川の横断面形状としては、❶に示すように、大きく分けて単断面河道と複断面河道に分類される。複断面河道では、低水路と高水敷から構成されている。低水路は平常時から水が流れるところであり、高水敷は洪水時に水が浸かるところである。そのため、複断面河道は、河川を多目的に利用し、高水敷はスポーツやレジャー等により有効活用されている。複断面河道は十分な川幅を必要としており、大河川において標準的に用いられている。一方、単断面河道は低水路のみで構成され、高水敷はない。そのため、平水時でも洪水時でも水面幅には大きな差はない。河川周辺に十分な土地がない中小河川に多い。

河川の断面積を拡げるには？

前述したように、より大きな流量を流下させるためには、単断面もしくは複断面の横断面形状の断面積を大きくする必要がある。そのためには、

1) 築堤（堤防高さをかさ上げする）
2) 引堤（堤防を河川と逆側に移動させる）
3) 掘削（河床を掘る）

などを行うことになる。築堤は、計画の堤防高に達していないところは整備を進めていく必要がある。その一方、堤防高を高くし過ぎると、破堤したときの洪水リスクが高くなるため、適正な堤防高の設定が必要となる。

引堤は確実に進めるべきものであるが、河川周辺にはすでに家屋等が建設されている。そのため、引堤を行うには、土地の買収を、時間をかけて行うことが必要となる。

最後の掘削は、河川用地内の作業となるため、前者2つと比べて障害が少なく、もっとも有用である。ただし、従来の河床勾配を大きく変えるほど低水路を深く掘ると、掘削後の河床浸食・堆積が発生することがある。同じことは、低水路幅を広げて、高水敷を掘るときにも当てはまる。このように、河道における土砂動態に配慮して河道掘削を行う必要がある。

洪水の外力は増えているか

気候変動の影響により降雨量の増加が報告され、河川水位にも影響が現れつつある。河川計画上の水位（計画高水位、HWL）を超過した水位観測所数を1,000地点当たりに換算した値の経年変化を見ると（❷）、HWL超過地点数に関しては、全体的には、1980年代から1990年代までは減少傾向、2000年代から2010年代にかけて増加傾向が見て取れる。これより、治水事業の整備スピードと比べて、気候変動に伴う洪水外力（雨量）の増加が上回っている可能性が読み取れる。このように、気候変動に伴う河川水位の上昇が、越水の発生リスクを上昇させているものと考えられる。

（二瓶）

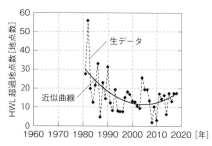

❷—HWLを超過した水位観測所数
（1,000地点当たりに換算）の経年変化

Keywords▶ 堤防強化技術、浸透対策、越水対策、地震対策

堤防決壊状況

堤防決壊状況を把握するために、2000〜2019年における堤防決壊発生回数の経年変化を❶に示す（2002、2003年はデータ欠測）。これより、堤防決壊した河川数・地点数の全体はともに経年的に上昇トレンドとなっており、とくに2015年、2018年、2019年が大きい。2015年は関東・東北豪雨、2018年は西日本豪雨、2019年は台風19号による豪雨が発生したためである。2019年の東日本台風（台風19号）により71河川・142か所の堤防決壊数は、河川数は7.7年分、地点数は10.1年分に相当し、今次豪雨災害のインパクトの大きさがわかる。

2019年東日本台風における堤防決壊要因を調べたところ（国交省）、越水が85.7%ともっとも大きくなっている。浸食や浸透はそれぞれ8.6%、1.4%に過ぎない。過去の決壊事例を整理した結果によると、堤防決壊の8割は越水であると指摘されているので、東日本台風も同様の傾向となっていた。

堤防強化工法

現況の河川堤防の強化技術の代表例を❷に示す。河川堤防を考えるうえで重要な外力となる浸透・越水・地震に対する対策工法をそれぞれ明示する。

まず、浸透対策には堤体内の浸潤面を下げることが必要であり、その工法としては断面拡大工法、ドレーン工法、表のり面被覆工法があげられる。断面拡大工法は、堤体断面を表・裏のり面側に拡大することで、平均的な動水勾配（浸潤面の傾きに相当）を減少させる。合わせて、のり面の勾配をゆるくすることで、浸透によるのりすべりやパイピング（浸透流により土粒子が流出して、地盤内にパイプ状の水路ができる現象）に対する安全性を増加させる。この際に堤体材料としては、表のり面では粘性土等の難透水性材料、裏のり面では砂質土などの透水性材料を用いることが推奨される。これは、表のり面では、河川水からの浸透を極力防ぎ、かつ、裏のり面では堤体内に浸透した水を排水するためである。ドレーン工法は、浸透水が一番集まりやすい裏のり尻に透水性の高い材料（礫など）を設置して、浸透水を速やかに排水する。表のり面被覆工法は、難透水性の被覆材料を表のり面に設置することで、表のり面からの浸透を抑制する。これらの工法は、浸潤面を低下させ浸透に対する安全性を増加させている。

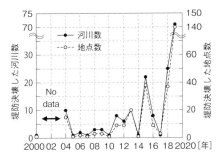

❶—堤防決壊発生数の経年変化

〈水災害にどう対応するか？〉

これらのうち断面拡大工法はもっとも代表的な工法であり、長い期間にわたりかさ上げ・拡幅を繰り返してきた築堤の歴史をもつ。そのため、浸透対策を考えるときは、断面拡大工法が基本であり、現在、首都圏氾濫区域の堤防強化対策として、裏のり面勾配を通常2～3割のところを7割に拡大する整備が進められている。なお、浸透安全性確保に必要な堤体断面確保が難しい場合に、ドレーン工法や表のり面被覆工法等が適用される。

つぎに越水対策として、堤体土が越流水に晒されると浸食が顕著となるので、堤体表面をなんらかの材料でカバーする必要がある。その中で、コストをかけない簡易的なものとして、天端と裏のり尻の補強工法があげられる。アスファルトなどで天端を保護することで、裏のり肩部から表のり肩にかけた天端崩落の進行を遅らせることが可能となる。また、越流水の流速が最大となる裏のり尻部をブロック等で保護することにより、のり尻部の深掘れを抑制し、裏のり面全体の浸食の進行を遅らすことができる。これらの補強工法により、決壊までの時間を少しでも引き延ばすことが可能である。ただし、その他の工法も含めて、越水に対して完全に決壊を防ぐことは難しいことに留意されたい。

さらに地震対策としては、基礎地盤や堤体内の液状化を抑制する必要がある。近年クローズアップされてきた堤体の液状化プロセスの1つとしては、軟弱な地盤（粘性土）上にできた砂質土の堤体がある場合、浸透などにより滞留した水が堤体内に残ると地震動により液状化が発生し、堤体の亀裂や天端沈下などが発生する。そのため、地震前の堤体内水位を低下させるためやのり尻安定化のために

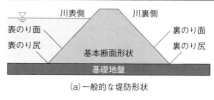

（a）一般的な堤防形状

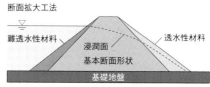

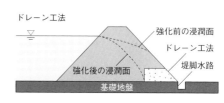

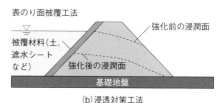

（b）浸透対策工法

（c）越水対策工法

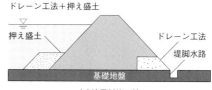

（d）地震対策工法

❷──一般的な堤防強化技術の代表例

ドレーン工法の設置が有効である。他には押え盛土も有用である。
（二瓶）

Keywords▶ 斜面崩壊、地盤の液状化、圧密沈下

地盤災害の種類

不動の大地といわれるように、ふだんは地盤は動かない。しかし、ひとたび地盤が動き出すと地盤災害が起こる。地盤災害を大別すると、斜面崩壊、地盤の液状化、圧密などによる沈下に分類される。

斜面崩壊による被害事例

地盤災害でもっとも多いのは斜面崩壊である。斜面には自然にできた斜面と人間の手が入った人工斜面の2つがある。自然にできた斜面は一般的に過去に崩壊を繰り返してできているので、通常の状態でぎりぎりの安定状態にある。人工的につくった斜面は少なくとも通常は安定しているが、異常時（大雨時、地震時）には安定性を保てず崩壊することがある。

斜面が崩壊すると、❶に示すように斜面上にある植生を含めて、土砂が斜面下に滑り落ちることになる。地盤は一般的に静止した状態では塊状になっているが、水を多く含んでいるときには、崩壊すると液体状となって斜面下の広い範囲に拡がることがある。豪雨等で斜面が崩壊して、泥流に巻き込まれて家屋が流されたり（❷）、逃げ遅れた人が生き埋めになったりというニュースを耳にした人も多いと思う。一方で、とくに盛土斜面のように、斜面の上を宅地や道路などで利用している場合には、斜面崩壊によって斜面上の平面

が失われ、家屋や道路が崩壊することもある。

斜面崩壊はどのように発生するか

斜面は、崩壊しようとする面に作用するせん断力とせん断抵抗力のバランスによって安定したり不安定になったりする（❸）。つまり、❸のすべり面での土のせん断抵抗S'がその面に土自身の重さWにより作用するせん断力よりも大きければ、斜面は安定しているが、小さければ斜面の安定は保たれなくなり、斜面崩壊が生じる。

雨が降ると、地表面から水が浸透し、地下水位が上昇する。すると、土の自重が重くなり、崩壊する面に作用するせん断力が大きくなる。一方、土のせん断抵抗力は、小さくなる。このため、豪雨が降ると地盤は崩壊しやすくなる。地震時には、地震力によって土の自重によるせん断力が大きくなるため、やはり地盤が不安定になる。

地盤の液状化による被害事例

地盤の液状化は地震時に起こる。古くから地盤の液状化は生じていたが、1964年新潟地震以降、液状化被害の重要性が着目され、その後多くの研究がなされている。

液状化は飽和したゆるい砂地盤に地震動が伝わることで、砂が液体状になる現象である。ふだんは固い砂が液体状になるため、重いものは沈み、軽いものは浮き上がる。具体的には、ビルや橋脚などは沈み、地下室など

❶—2011年東北地方太平洋沖地震の際の
仙台市内での被災事例
谷を埋めてつくった宅地が地震の影響で崩壊した

❷—2021年8月の豪雨による
佐賀県神埼市における斜面崩壊の被害
土石流により住宅など5棟が全半壊した

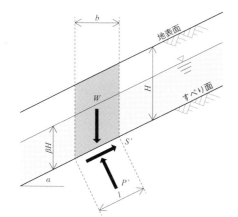

傾斜角度が α の斜面の表層が H の深さで崩壊するとき、
地下水面が $(1-\beta)H$ の深さにあるとする。
このとき、斜面の長さ b の部分のすべり面の力の釣合い
から、斜面の安全率 $F(=($すべりに対する抵抗力 $S')/$
（すべらそうとする力 S))は

$$F = \frac{S'}{S} = \frac{((1-\beta)\gamma_t + \beta\gamma')\tan\varphi}{((1-\beta)\gamma_t + \beta\gamma_{sat})\tan\alpha}$$

となる。ここで、$\beta\gamma_{sat}$、γ_t、γ' はそれぞれ、
飽和、湿潤、水中単位体積重量で、$\gamma_{sat} > \gamma_t > \gamma'$。
φ は土のせん断抵抗角、βH はすべり面からの地下水位
の高さである。

安全率 F は地下水位が高くなるほど（β が大きくなるほ
ど）小さくなる。

❸—斜面は重さ W により作用するすべり面に作用するせん断力とすべり面のせん断抵抗力 S'' の関係によって安定性が変化する。
大雨が降って地下水位 βH が上昇すると斜面はだんだんと不安定になっていく

は浮き上がることがある。また、液体状になるため、水平方向にも抵抗力を失い、地中構造物が傾いたり、地面の上の構造物が地盤とともに水平方向に大きく動いたりする被害が生じる。❹は度重なる液状化の影響で、民地側の地盤が低くなった一例である。

　地盤が液状化するには、(1) 地震力が作用すること、(2) 地下水位が高く、砂地盤が飽和していること、(3) 砂地盤が緩い状態にあること、の3つの要素がそろう必要がある。液状化した地盤では、噴砂といって、細かい砂を含んだ液体が地表面にあふれ出す(❺)。この現象は、地震が終わってしばらくすると生じる。砂は透水性が良いため、地震動が収まると一気に排水するためにこのようなことが起きる。

　液状化の発生メカニズムの詳細はⅠ章の22で紹介されているので参照されたい。

圧密沈下による被害事例

　新しく埋め立てた地盤では、埋め立てた土の重さで地面が長い時間をかけて沈下することがある。この原因はおもに圧密沈下である。地盤が圧密沈下をすると、家屋が傾いたり、水道管、ガス管などの埋設管が切断されたりする。また、沈下したところとしないところの間に段差が生じ、日常生活に不便を生じさせることがある(❻、❼)。

圧密沈下はどのように発生するか

　土は土粒子に作用する力が大きくなると収縮する。圧密するときには、土粒子に作用する力が前よりも大きくなる。地表面に荷重を作用させるか、地下水位が低下すると土粒子に作用する力が大きくなり、圧密する。ただし、粘土は透水性が悪いので、非常に時間をかけて、土中の水が抜けることで体積が減少していく(❽)。

（菊池）

〈土砂・地盤災害にどう対応するか？〉

❹—度重なる液状化で下がった民地側の地盤
左の民家の高さは道路の高さより低くなっている。門柱の背が低いことからもこのことがわかる

❺—液状化により地表面に
あふれだした噴砂
2011年東北地方太平洋沖地震時の
浦安市内の液状化被害

❻—空港の圧密沈下
埋め立ててつくられた空港において、
周辺地盤の圧密沈下の影響で、
沈下しないように堅固につくられた
構造物が抜け上がってしまっている

❼—埋立て地における圧密による地盤沈下
左側は沈下対策がなされていたが、
右側はなされていないために、段差が生じている

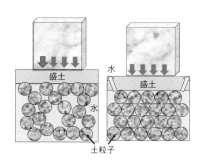

❽—圧密による地盤沈下のメカニズム

9 地盤災害に強い施設

▶ Keywords▶ 地盤改良、地盤のせん断強さ、固化材、圧密促進工法、人工斜面

〈土砂・地盤災害にどう対応するか?〉

土を強くする地盤改良

斜面崩壊を防ぐには、斜面に安定性の高い擁壁をつくるなど構造物で安全性を確保する方法があるが、地盤そのものの性質を改善する対策もある。

地盤が破壊するときには、主としてせん断破壊をする。これを避けるためには、地盤のせん断抵抗を大きくするか、大きなせん断力が作用しないようにすることが必要となる。地盤改良とは一般的には地盤のせん断抵抗を大きくすることをいう。そのおもな方法には、1) 良質の土に置き換える、2) 地盤の密度を高める、3) 土を固める、4) 土を補強する、5) あらかじめ土を圧密する、といった方法がある。

1) は相対的にせん断強度の小さい粘土を砂に置き換える工法である。2) はとくに砂地盤で用いられる工法であるが、❶に示すように強制的に砂杭を砂地盤中につくり、土の密度を上げるものである。3) はセメントなどの固化材を土と混合することで、土を固める工法である(❷)。一般に、地盤改良で必要となる土のせん断強度はコンクリートのせん断強度の1/100以下である。固化材を土に混ぜるには、そのあるがままの場所で混ぜる方法と、プラントで混合しそれを現場に打設する方法がある。4) は、土に不織布を敷設するなどして、土に不足している引張り抵抗を補おうとする方法である(❸)。これを用い

ると、通常考えられないような急斜面をつくることが可能となる。5) は主として粘性土地盤で用いられるが、あらかじめ地表面に大きな荷重(将来その地盤に作用すると考えられる最大荷重など)を作用させて圧密させ、先に圧密を完了させる方法である。この方法をとるときには、粘土地盤の圧密が早く終了するように、圧密促進工法(バーチカルドレーン工法)が一般的に併用される。

以上の5つ以外に、土に作用するせん断力を小さくさせる工夫も行われることがあり、これも広義の地盤改良といえる。

実務での適用

各種の地盤改良工法には特徴があるため、どこでも同じ地盤改良工法が適用できるわけではない。そのため、さまざまな地盤改良工法がある。

自然斜面で地盤災害に強い施設をつくろうとする場合には、主としてアンカーボルトを打設し4) の原理を使うことが考えられる。人工斜面では、2) の土をよく締め固める、3) のセメントを混ぜて固める、4) の不織布等を用いて補強するなどが考えられる。液状化対策では、2) の原理を使って地盤の密度を上げることがよくなされるが、3) のように土を固めることでも液状化を防ぐことができる。これは、土を固化することで、土の剛性を高め、土粒子が相対的に動かなくするためである。

(菊池)

• o78 •

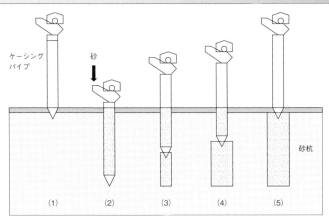

ケーシング
パイプ

砂

砂杭

(1)　(2)　(3)　(4)　(5)

❶──サンドコンパクションパイル工法
地盤に強制的に砂杭をつくり、地盤を締め固める工法。
地盤にケーシングパイプを打ち込み、そこに砂を供給し、砂を突き固めることで、径の大きな締まった砂杭を構築する

❷──固化処理工法による施工現場
構造物に作用する土圧を減らすために、
気泡を混ぜて自重を軽くするとともに、
セメントを混ぜて固化した土
（気泡混合固化処理土）を用いている。
この処理土は打設するときは液体状であるが、
1日もたたないうちにセメントによって
固化する

❸──補強土工法による盛土の構築
写真に見えている斜面端部はすべて
ジオグリッドで巻き込まれている。
この工法では、ジオグリッドの引張り抵抗によって
地盤の安定性を高めている

土砂災害の危険性が高い地域

Keywords▶ 斜面崩壊危険箇所評価モデル、
地理情報、リモートセンシング、素因、誘因

斜面崩壊危険箇所評価モデル

斜面崩壊の予測要件は「発生時期・位置・規模」を事前に推定することである。これらの予測目標を達成するために、古くから多くの研究が進められている。このうち、斜面崩壊の発生「位置」と「規模」を事前に把握することを目的として、表層地質、土壌、傾斜区分、起伏量、斜面方位、水系・谷密度等といった各種地理情報とリモートセンシングデータ（地表面や地形観測情報としての「素因」）を併用するさまざまな斜面崩壊危険箇所評価モデルが提案されている[1]～[4]。モデルから得られる各種評価図は、斜面崩壊防止計画策定支援、ハザードマップ更新等に適用される。❶

に斜面崩壊危険箇所評価モデルの基本構成を示す。

これらのモデルでは、素因と誘因間（降雨、地震、地下水位変動等）の相関性を前提として、誘因の代替変数として素因を位置づけており、誘因を直接的にモデルの説明変数として扱う具体的な方策については、今なお難題の1つとなっている。これは、降水量や震度といった誘因情報の計測地点が限られ、評価モデルの説明変数として取り込むうえで限界があるためである。誘因はむしろ「観測できない説明変数（潜在変数）」として扱うといったまったく別の視点からモデルを構築することも必要となり、誘因を逆推定し、これを図化するモデルも提案されている[3]。

〈土砂・地盤災害にどう対応するか？〉

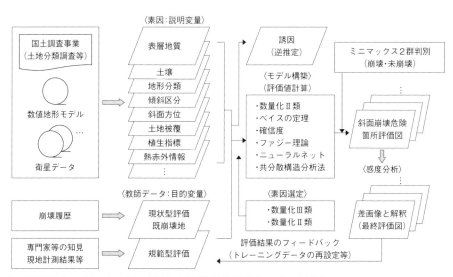

❶──地理情報とリモートセンシングデータを用いた斜面崩壊危険箇所評価モデルの基本構成

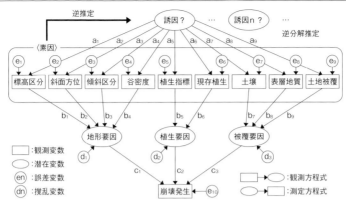

❷—誘因を考慮したパス図（共分散構造分析法）

素因と教師データ（入力情報）

　a）素因（説明変量）：斜面崩壊危険箇所評価を実施するに当たって、入力情報（説明変量）としての「素因」を準備する。一般には「地形、表層、土壌、土地利用、傾斜区分、標高区分、起伏量、水系・谷密度、斜面方位、土地被覆、植生指標」等が利用されている。「傾斜区分、標高区分、起伏量、水系・谷密度、斜面方位」は、数値地形モデル（DTM: Digital Terrain Model）から、「土地被覆、植生指標」は、衛星リモートセンシングデータから作成される。

　b）教師データ（目的変量）：❶に示すように、教師データの設定方法の違いによって「現状型評価」と「規範型評価」がある。前者は、現状崩壊地を教師データとし、後者は、未崩壊領域（専門家の知見、現地計測結果等）を教師データとする場合である。さらに、崩壊形態別（表層崩壊、深層崩壊、地すべり等）に教師データを設定して、斜面崩壊にかかわる土地の性状の違いを分析する検討もある[4]。

斜面崩壊危険箇所評価図の作成

　素因と教師データの関係を定式化するとともに、画素ごとに評価値を計算・画像化して「斜面崩壊危険箇所評価図」を作成する。代表的な手法として、❶に示すように、1）数量化Ⅱ類、2）ベイジアンモデル、3）確信度モデル、4）ファジーセットモデル、5）ニューラルネットワーク、6）共分散構造分析法等がある。さらに、❶のモデルをベースに、以下のような分析アルゴリズムも提案されている。
1）教師データの影響分析[4]
2）斜面崩壊形態分析[5]
3）素因（説明変数）選定問題と感度分析[6]
4）モデル解の一対比較戦略[7]

斜面崩壊誘因逆推定の試み

　上記のアルゴリズムでは、「降雨」、「地震」といった崩壊誘因の広域分析はできないことから、誘因推定に取り組んだ研究もある[8]。

　❷に示すパス図（共分散構造分析法）を通して、潜在変数である「誘因（地震）」を逆推定すると「誘因逆推定図」を作成できる[8]。誘因影響の広域分析に利用される。　　　　（小島）

11 風災害の被害

Keywords▶ 屋根、仮設足場、鉄塔、飛来物

風災害とは

　風災害は、強風が原因で発生する災害と定義することができ、「強風災害」とも呼ばれる。都市を念頭においた場合でも、被害は、建築物、看板などの工作物、送電設備、仮設足場といった構造物の損傷・倒壊をはじめ、車両やクレーンの転倒、街路樹の倒木、さらには人が吹き倒されたり、または風で飛ばされてきた飛来物があたったり、というように多くの種類にわたる。

　本章13で述べるように、風災害で被害が生じやすいのは、軽量である割に面積が大きいもので、家屋の屋根や、シートが張られた仮設足場などはその代表例である。猛烈な風を伴う台風は、広い範囲に多くの被害を及ぼし、人的被害だけでなく、莫大な経済的被害を生じさせる。典型的な「風台風」であった1991年台風19号の風水害に対しては、保険金の支払いとしては最大の5,680億円が支払われている。その一方で風は、都市において汚染物質や熱を運ぶ役割も果たしており、風が吹かないことにより、工場などからの排気が都市に滞留して環境問題が生じるといった被害が生じることもある。

風災害の被害事例

　建築物の屋根（❶）の被害は、強風災害で広く見られるものである。その程度は、スレートなど屋根の一部の損傷から、屋根全体が飛散する場合まである。❷はより深刻な被害で、2階建ての住宅がべた基礎ごとひっくり返り、べた基礎の地面側が上を向いた状況である。また、住宅だけではなく、❸のように大規模な構造物が被害を受けることもある。建設工事に関連しては、仮設足場（❹）やクレーンも、強風に対する配慮が十分にされていない場合に被害を受けることがある。風を通すように思われる網にも風荷重は作用し、ネットの張られたゴルフ練習場が被害を受ける例もある（❺）。送電線に被害が生じたり、より頻度は少ないが送電鉄塔（❻）が倒壊し、停電が生じることもある。近年設置が進んでいる、太陽光発電用のソーラーパネルが損傷することも多い。

　構造物だけでなく、トラックや列車といった車両が強風により転倒する被害も生じることがあり、とくに空荷のトラックは強風の影響を受けやすい。

　上記は構造物や車両そのものの被害だが、破損した構造部材などが飛散することで生じる飛来物が、その他の構造物を損傷させたり、人的被害を生じさせることになり、その影響も大きい。❼は竜巻直後の町のようすで、トタン板などが電柱などに巻きついた状態となっている。巻きついた際の衝撃や、面積が増えることで、電柱はさらに倒れやすくなる。❽は飛来物により生じた建物壁面の痕で、飛来物の衝撃の強さを物語っている。

（木村）

❶─住宅の屋根の被害

❷─住宅全体の被害

❸─ドームの膜屋根の被害

❹─仮設足場の被害

❺─ゴルフ練習場のネット支柱の被害

❻─送電鉄塔の被害

❼─竜巻直後の町のようす

❽─飛来物により生じた壁面の破損

12 風災害発生のメカニズム

Keywords▶ 台風、竜巻、ダウンバースト、ビル風

強風の発生原因

　日本においては強風災害を生じさせる自然現象は、おもに台風と竜巻・ダウンバースト（急激な下降気流）である。ただし、温帯低気圧が非常に発達した場合にも、30m/sを超えるような、台風並みの強風となる場合がある。

　台風は熱帯の海上で発生する熱帯低気圧のうち勢力の強いもので、海面からの水蒸気をエネルギー源として発達する。日本の平地での記録では、10分間平均風速で69.8m/s、瞬間風速で85.3m/sがある。強い竜巻は、スーパーセル（単一巨大積乱雲）と呼ばれる強力な積乱雲に伴う上昇流により発生することが多く、渦巻き状の風が移動しながら作用する。ダウンバーストは竜巻同様に強い積乱雲が原因となるが、竜巻が上昇流に伴って生じるのに対し、雹などの降下物が周辺の空気を冷やしながら引きずり落とすことなどで生じるものである。ダウンバーストは地表面にぶつかると四方に拡がり、日本でも風速40m/sを超えるような強風が観測されることがある。

　竜巻やダウンバーストといった突風の強さは、被害の程度から風速を推定するかたちで表される。それらの強さのレベルは、2016年から日本版改良藤田スケール（JEFスケール）で表されるようになった。木造住宅から樹木や自動販売機といったものまでを被害指標とし、それらがどのような被害を受けたかにもとづいてJEF0〜5の階級を決定する。階級は、それまで用いられていた藤田スケールとおおむね対応している。日本では、F3までの竜巻が発生しており、それらにより80m/sといった猛烈な風が作用した可能性がある。

　なお、高層建物の周りで強風が発生する「ビル風」も被害の原因となり得る。ビル風は、上空の強い風（地表面では高度が高くなるほど風が強い）が建物の壁面にあたって吹き降ろされることと、建物の角の部分で流れが集中することがおもな原因となり、地上部で強い風が作用するものである。

風荷重の大きさ

　風によって構造物に作用する風向方向の風荷重の大きさは概略、空気密度をρ、風のあたる面積をA、風速をUとして、$0.5\rho AU^2 C_D$で表される。ただしC_Dは抗力係数という構造物の形状で決まる定数で、例えば正方形の板に直角に風が作用する場合には1.1程度の値となる。なお、構造物の形状によっては、風向直角方向に作用する風荷重が大きくなるので、そうした荷重も考慮する必要がある。

強風と被害の関係

　強風が人や車両、構造物などに及ぼす影響をとりまとめたものを❶に示す。一般に、瞬間風速が30m/sを超えると風災害が生じることが多くなるが、風に弱い構造物では、もっと低い風速でも被害が生じることがある。

（木村）

街のようす	やや強い風		強い風	非常に強い風		猛烈な風
風の呼び方						
人が風から受ける力※1	4.3kg	17.1kg	38.6kg	68.6kg	107.1kg	154.3kg
瞬間風速	0m/s → 10m/s (36km/h)	20m/s (72km/h)	30m/s (108km/h) 高速道路を走る車の速さくらい	40m/s (144km/h) プロ野球選手の球速くらい	50m/s (180km/h)	60m/s (216km/h) 新幹線の速度くらい
歩行者や屋外作業者	風に向かって歩きにくくなる[1] / 傘がさしにくくなる[1] / 髪が乱れる[1]	風に向かって歩けない / その場にしゃがみこみたくなる / 風の音が凄まじく、物の飛んでできそうな身の危険を感じる / 高所での作業はきわめて危険	なにかにつかまっていないと立っていられない / 歩行者にはきわめて危険、障害物によって負傷するおそれがある[1]	屋外での行動は危険		
	歩道通りの歩行は困難[1] / 風に飛ばされそうになる[1] / 転倒する人もいる					
走行中の車	道路の吹流しの角度が水平になる / 高速運転中では横風に流される感覚が大きくなる[2]	高速運転中では横風に流される感覚が大きくなる[2]	通常の速度で運転するのが困難になる	走行中のトラックが横転する / 車の走行は危険な状態になる		
代表的な規制風速		列車が早め規制区間で走行速度規制をする[2]	列車が早め規制区間で走行速度規制をする[2] / 列車が早め規制区間で運転中止する[2] / 建設工事現場でクレーン等の組立の中止措置やエレベーターリフトの損壊防止の措置が行われる[2]			
樹木・電線など	樹木全体が揺れ始める / 看板やトタン板がばたつき始める / アンテナが揺れる	樹木全体が揺れる / 電線が揺れ始める / 看板やトタン板が揺れ始める	細い木の幹が折れる / 看板が落下・飛散する / 電線が大きく揺れる	多くの樹木が倒れる / 電柱やガロウが倒れる / 電線が切れる		
屋外設置物	屋根瓦、屋根葺材がはがれ始める / 雨戸やシャッターが揺れる / ビニールハウスのフィルムが広範囲に破れる	屋根瓦、屋根葺材が飛散し始める / 自動販売機などのカバーが外れ始める / 固定されていないビニールハウスの骨組が倒れ始める	看板が落下・飛散する / 道路標識が傾く	外装材が広範囲にわたって飛散し損傷する / カーポートなどの屋根材が飛散したり移動する / 固定されていないプレハブ小屋が倒れる / ビニールハウスの骨組が歪む	看板が飛散する / 道路標識が倒れる	
建造物				屋根ふき材、屋根下地材が飛散し、小屋組も露出し始める / 外装材が広範囲にわたって飛散し、下地材が露出し始める / 老朽化した木造住宅が倒壊する / 木造住宅の屋根ふき材が飛散し始める / 固定されていない雨戸や窓ガラスが割れる	電柱ボックスや自動販売機が飛散したり、移動したりする / ブロック塀が倒れる	屋根瓦、屋根ふき材が広範囲にわたって飛散し、小屋組が露出する / 下地材が露出し始める / 金属屋根の葺き材がめくれる / 木造住宅の損壊が始まる / 鉄骨造の倉庫が倒壊する

①—瞬間風速と人や街のようすとの関係

©日本風工学会

※1 成人男性が風から受ける力[N] =1/2×ρ×U2×C×A として計算 ρ 空気密度(1.2kg/m³と仮定)、U 風速(m/s)、C 風力係数(1.0と仮定)、A 人の受圧面積(0.7m²と仮定)

引用文献[1] 村上三郎ほか：歩行者に対する強風の影響とその評価尺度に関する研究、日本建築学会論文報告集、第287号、pp.99-109、1980年1月
[2] 特記：強風による規制と対策、日本風工学会誌、第40巻第1号(通号第142号)、pp.3-35、2015年1月

13 風荷重の大きさと構造物への被害

Keywords▶ 風荷重、振動、フラッター、渦励振

風により生じる現象

風荷重が、構造物が耐えられるよりも大きくなると、被害が生じる。ただし、自然風の風速は常に変動しているので、風荷重の大きさも常に変動することから、その最大値を考慮する必要がある。また、以下で述べるように、変動のない風が作用する場合でも、構造物が振動する場合がある。

風荷重の大きさが風のあたる面積に比例することから、強風災害は、一般に面積の大きい構造物や部材で生じやすい。また、質量の大きな構造物は、それに比例して地震荷重が大きいため、地震に耐えるようにつくられていれば、その分水平方向の荷重に対する耐力が大きい。逆に質量が小さい構造物は、一般に水平方向の耐力も小さい。したがって、面積が大きく、その割に質量が小さい構造物は、風災害の被害が生じやすいといえる。大スパンの屋根や長大橋梁などの構造物、看板やソーラーパネルなどの工作物などがそれにあたる。

風速が高いと、風荷重も極めて大きくなる。例えば、風速30m/sの突風により2×4間のテントには、上向きの空気力係数を0.5として風下側の屋根面に、4.0kN、すなわち410kgfの上向きの力が作用することとなる。突風時に飛びかけているテントを、数人の力で抑えようとするのがいかに無謀であるかがわかる。

強風被害の特徴

❶に示すように、同じ家屋の被害でも、地震と風では力の伝達経路が異なる。地震では、地盤から基礎、柱、梁といった構造部材にまず地震動が伝わり、最後に外壁や屋根といった非構造部材に伝達される。一方風荷重は、最初に屋根、外壁、窓といった外装材に作用し、それらが構造部材に伝えられる。したがって、強風災害では、まず外装材、その中でも強い風が作用しやすい屋根の被害が多くなる。なお、風による外圧は❶(b)に示されているように内向きを正と定義するが、屋根面や風下側の壁面には、外向きの力(「負圧」と呼ばれる)が一般に作用する。❶(b)では力の伝達の向きが示されているために地盤に下向きの矢印が描かれているが、作用する力の向きは一般に上向きで、例えば基礎には引抜きの力が作用することに留意が必要である。

❷は鉄筋コンクリート造5階建ての集合住宅の竜巻による被害の状況で、とくに低層階のベランダに多くの飛来物の堆積が見られた。竜巻自体の強風の作用に加えて、飛来物の衝突による衝撃力もあり、窓ガラスやベランダの手すり・パネルに大きな被害が生じたと考えられる。このように、飛来物による被害は深刻で、その飛来物は風上で損傷した家屋などから生じるので、被害は連鎖的に生じるものである。また、低層住宅において飛来物により窓が破損すると、室内の圧力の急激

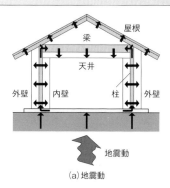

(a) 地震動

❷—竜巻による集合住宅の被害

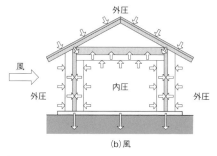

(b) 風

❶—地震動と風による力の伝達経路の違い

❸—旧タコマ橋のフラッターによる破壊のようす

な増大が屋根を室内から押し上げる効果をもたらし、屋根の甚大な被害にもつながることになる。

振動により生じる被害

　主として、長大橋梁や送電線といった細長い構造物においては、強風時に、風による振動現象が生じる可能性がある。これは、構造物まわりに周期的に形成される渦や、構造物が振動することに起因して作用する変動空気力が原因となって生じるものである。

　風により生じた振動による被害の代表例は、1940年米国の旧タコマ橋の落橋事故である。当時世界で3番目に長い853mのスパンをもつ吊り橋であったが、19m/sという比較的低い風速の風により大きなねじれ振動が生じ、落橋した(❸)。事故後の調査により、原因は、設計当時は知られていなかった、振動に伴って作用する自励空気力により生じたフラッター(細長い構造物が風による自励空気力の作用でねじれ振動する現象)であることがわかった。

　フラッター以外でも、限られた風速域で発現する渦励振といった振動が生じることがある。タコマ橋の事故を契機に、長大橋梁では設計時に振動現象の検討も行われるようになった。塔や超高層建築物といった構造物でも風による同様の振動が発現する可能性はあり、風洞と呼ばれる風を作用させる装置を用いた実験などで検討される。　　　　(木村)

多様な災害をとらえ
対策を立てる

• o87 •

Keywords▶ 風洞実験、屋根形状、建物形状、竜巻注意情報

風災害低減の方針

風災害による構造物の被害を低減するためには、1) 対象構造物の強度を上げる、2) 作用する風荷重を小さくする、の2つの対策が考えられる。さらに、人的被害低減の観点からは、3) 予報を活用して適切に避難することも有効である。1) と2) の対策はハード的な対策、3) はソフト的な対策と区分することができる。

ハード的な対策

設計において風荷重を適切に算定し、それに十分耐えられるように強度を高くするのはもっとも基本的な風災害への対策である。風荷重が直接作用する外装材の強度や取付けを十分に強く設計・施工・維持管理することがまず重要である。また、それを支える構造部材や基礎、そしてそれらの連結への十分な配慮も必要である。

また、形状を工夫することにより風荷重を低減できることがある。❶は、屋根形状の異なる低層建物の模型に作用する風圧を風洞実験で測定した結果を、係数のかたちで示したものである。屋根を寄棟とすることにより、屋根面のピーク負圧の絶対値が大きく減少している。長大橋梁の風による振動も、形状を試行錯誤的に工夫することで抑制することが多い。

ビル風問題では、風速を低減する手法とし

て、強風が作用する部分にフェンスや植栽を設置したり、高層建築物の形状の工夫により影響を低減するなどの対策がとられる。❷は低層階の上の位置に中空部分を設け、風を吹き抜けさせることによりビル風を低減した例である。

飛散物に対しては、窓に雨戸やシャッタを設置して強風時には閉めるのが有効である。

なお、避難所や病院は災害発生時の拠点となることから、強風災害に対してより高い安全性が必要であるが、わが国では一般には特別な配慮はされていないのが現状である。

ソフト的な対策

例えば、非常に強い竜巻に対しても、家屋がまったく被害を受けないように、設計・施工することは、現実的ではない。

台風などの気象現象による強風は、地震とは違い天気予報により事前にある程度予測でき、安全な場所に避難することなどにより被害低減につなげられる。一方、竜巻・ダウンバーストは確実に予測することは難しい。気象庁は2008年から竜巻注意情報（❸）の発表を開始しており、これは、雷注意報（積乱雲の発達に伴い発生する激しい気象現象が予想される場合に出される）を補足するものであるが、的中率や捕捉率は必ずしも高くない。気象庁HPではより詳細な、竜巻発生確度「ナウキャスト」も見ることができ、避難の参考となる。さらに真っ黒い雲が近づくなど、異変を感じ

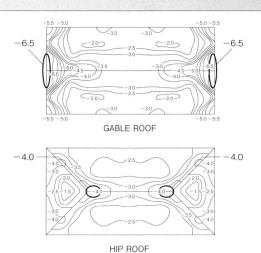

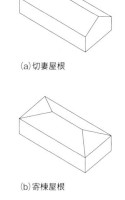

(a)切妻屋根

(b)寄棟屋根

❶―建物の屋根面に作用する負圧のピーク値の比較
全風向の中でもっとも絶対値が大きな値を示したもの

❷―中空部分を設けた高層ビルの例

❸―竜巻注意情報のリーフレット

た場合には、なるべく頑丈な建物内に避難
し、入口や窓から離れる、といった行動をと
ることが身を守ることにつながる。（木村）

15 建築防災計画と考え方

Keywords▶ 建築防災計画、性能基準、
フェイルセーフ、フールプルーフ

〈火災にどう対応するか？〉

建築防災計画

「火災」は、「火や火事による災難」という意味で一般に使われている。一方、消防白書などの火災統計データでは、人の意図に反し、または放火により発生し、消火の必要がある燃焼現象であり、消火設備などの利用を必要とする場合を「火災」としている(❶)。

日本では、火災件数の中で建物火災の占める割合は他の火災に比べ大きく、建物火災による人命や財産の被害を抑制することは重要な課題となっている。建物火災に対する安全性を確保するための防火関係規定は、おもに建築基準法と消防法に示されている。なお、建築基準法第1条の目的には、建築基準法は「最低の基準」を定めるとされており、法規の基準さえ守れば十分安全な建物が設計できるとは考えるべきでない(❷)。例えば、法規にしたがって排煙設備や避難階段を計画・設計しても、その排煙口と避難階段扉の位置関係に関する基準はないため、排煙口が避難階段の扉付近に設けられてしまえば、在館者の避難方向と煙の流れの方向が同一になり避難に支障をきたす可能性などがある(❸、❹)。そこで、建築物の用途や規模などに応じ、防火関係規定を補うよう総合的な見地から実効性のある火災安全対策を有機的に組み合わせる建築防災計画を検討することになる。

仕様基準と性能基準

防火関係規定には、建築物の用途や規模などにより画一的に基準値が定められている仕様基準と、個々の建築物の特徴を踏まえ、建築物に要求される火災安全性能を検証式などにより確認することができる性能基準がある(❺)。性能基準は、仕様基準に比べ、設計の自由度を高めながら火災安全対策の選択肢が広がるため、設計者のイメージしたデザインを具現化するうえでメリットは大きい。さらに、建築物には火災安全性能以外の性能も要求されるが、検証式などは、建築物のもつべき多様な性能のバランスを考慮した設計を検討する際に有効に活用できる可能性が高い。

フェイルセーフとフールプルーフ

フェイルセーフは、期待した対策が機能しなかった場合であっても、代替手段を常に用意し、一定の安全性を確保しておくことを意味する。例えば、避難階段の位置を平面上でバランスよく配置し、必ず2方向に煙汚染されづらい避難経路を配置するなどが該当する。フールプルーフは、どのような状況であっても人が混乱することなく誤った操作をしないようにしておくことを意味する(❻)。火災時の避難者の心理状態などを想定し、単純明快な避難経路、通報設備や消火設備の使用方法を人間工学的な観点からデザインすることなどがあげられる。　　　　(大宮)

❶──火災の定義（火災報告取扱要領）

火災とは、人の意図に反して発生し若しくは拡大し、又は放火により発生して消火の必要がある燃焼現象であって、
これを消火するために消火施設又はこれと同程度の効果のあるものの利用を必要とするもの、
又は人の意図に反して発生し若しくは拡大した爆発現象をいう

※注：なお、消防白書では、建物火災、林野火災、車両火災、船舶火災、航空機火災、その他の火災、に区分し
　　　統計が整理されている。

❷──建築基準法　第1条　目的

この法律は、建築物の敷地、構造、設備及び用途に関する最低の基準を定めて、国民の生命、健康及び財産の保護を図り、
もつて公共の福祉の増進に資することを目的とする

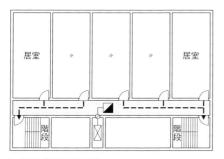

❸──排煙口位置が適切な例

避難者が階段扉を開放すると、
階段から進入してくる気流により、
煙は廊下中央部方向に流れ、
避難上重要な廊下の両端部は煙に汚染されにくくなる

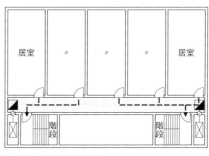

❹──排煙口位置が不適切な例

煙を廊下両サイドに拡散させると同時に、
階段扉を開放すると、階段から進入してくる気流が
直接排煙口に吸い込まれ、廊下の煙を排煙しにくくなる

❺──建築基準法防火関係規定

建築基準法防火関係規定では、建築物を設計する際、仕様基準と性能基準のどちらかを選択することができる。
性能基準には、検証式が具体的に示されているルートB1、B2と呼ばれる一般的な検証法と
高度な解析技術や実験などを実施し安全性を確認し国土交通大臣の認定を受けるルートCと呼ばれる高度な検証法がある

❻──プッシュオープンドア（避難扉）

扉面に設置された水平のパニック・バーを押すことにより、避難方向にワンタッチで開放できる機構になっており、
非常時に避難者が正常な行動をとりづらい状況下でも取り扱うことができるような仕組みになっている

16 建築物内の火災の進展

Keywords▶ 火災フェーズ、火災性状、可燃物、内外装

建築物内の火災フェーズ

建築物内の可燃物が燃焼するには、酸素、可燃物、エネルギー（熱）が必要であり、これらは燃焼の3要素と呼ばれる。それらのうち、1つでも欠ければ、燃焼は継続しない。建築物内で出火し、可燃物が燃え始め、燃焼が継続すれば、徐々にその燃焼の範囲は拡がる。さらに、火災室内の上部に高温の煙層が形成されれば、火災室内全体の可燃物が一斉に燃焼を開始する（火災成長期）。もし、フラッシュオーバーが発生すれば火災室内全体は急激に温度上昇し、炎に包まれた状態になる（火災盛期）。その後、火災室内の可燃物が減少するに従い、徐々に火災室内の温度は減衰し、鎮火に至る（火災減衰期）。このような時々刻々変化する火災進展の局面を火災フェーズと呼び、火災フェーズごとに火災安全対策も異なる（❶）。

建築物内の火災性状に影響するおもな条件は、火災室の寸法や壁の材質、開口の寸法、可燃物の量や表面積などである。建築物内の火災性状は、開口から流入する空気量などを決める開口条件に支配される換気支配型火災と火災荷重などの可燃物条件に支配される燃料支配型火災に分けることができる。

開口から流入する空気量

火災室の開口から流入する空気量は、火災盛期の火災フェーズでは、開口条件のみで概算でき、火災室へ流入する空気量が分かれば、単位時間あたりに火災室内で燃焼する可燃物の量が推定できることになる。

火災荷重

火災荷重とは、室内で出火してから鎮火に至るまでに燃焼に寄与する可燃物をいう（❷）。火災荷重は固定可燃物と積載可燃物に分けられる。固定可燃物とは、おもに壁や天井などを構成する可燃物の内装材料や下地材料などである。積載可燃物とは、家具などの可燃物が該当する。生活空間には、ソファやクッションなど、触れて暖かみを感じるものを身の回りに置くことが多いが、暖かみを感じる素材は、概して熱物性上、着火しやすい材料が多い。

内外装

建築基準法では、建築物の用途などにより、室の天井や壁の仕上げなどに使用される内装材料に対し制限が設けられている。内装材料として使用される防火材料は、不燃材料、準不燃材料、難燃材料、木材その他の材料で分類されている。とくに天井や壁の内装材料として燃えやすい材料を使用した場合、火災の進展が速くなり、短時間で急激に火災室内が火災に包まれ、温度上昇することがある（❸）。

外装の化粧材として、サンドイッチパネルを貼り付ける工法がある。その素材の一部

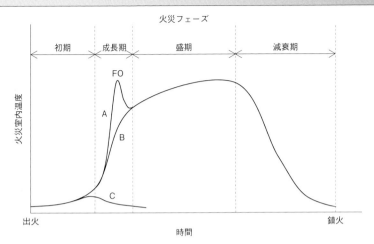

火災フェーズ

初期　成長期　盛期　減衰期

FO

A

B

C

火災室内温度

出火　　　　　　　　　　　　　　鎮火

時間

❶—火災フェーズ
A：火災室内にもち込まれる可燃物が多い場合や天井や壁などの内装材に可燃性材料が使用されている場合、
　　成長期に急激な温度上昇が起こり、フラッシュオーバー（FO）が発生しやすくなる
B：一般的に、火災室内に可燃物が分布し、開口から空気が流入する条件では、成長期に温度上昇しながら
　　盛期の火災フェーズに移行する
C：火災室内の可燃物が少ない場合、火災室内の燃え拡がりは起こらず鎮火し、いわゆる、小火（ぼや）となる

火災荷重[kg/m²]

室用途	10	20	30	40	50	60	70	80
居室								
ホテル 客室								
病室								
事務室								
会議室								
教室								
アリーナ								
飲食店								
宴会場								
ロビー								

○ は平均、●─● はデータの
ばらつきを示す

❷—火災荷重
建築物内にもち込まれる
可燃物（火災荷重）は、
室の用途により
おおむね推定できることが、
既往の可燃物調査から
わかっている

（芯材）に難燃処理が不十分な材料を用いた場合、それが延焼媒体となり、急速に上階および下階に延焼する危険性がある。同様に大規模な建築物の外装に木材等を貼り付けて使用する場合も見られるが、延焼媒体となる可能性があるため注意が必要である。

（大宮）

❸—大規模木造建築物の火災実験
近年、大規模木造建築物の火災安全性を確認するため、
実大規模の実験が実施されている。
建築物内の内装に木質系材料を使用する場合、
開口部から発生する噴出火炎が伸長する傾向を示すことや、
外装に木質系材料を使用する場合、
上階への延焼の媒体になる可能性が指摘されている

17 多様な建築空間と火災安全対策

Keywords▶ 高層化、大規模化、深層化、出火拡大防止、延焼拡大防止

〈火災にどう対応するか？〉

変容する建築空間

建築物の構造や施工にかかわる技術の進歩などに伴い、以前にはない多様な建築空間が実現できるようになっている。都市部では土地の高度利用などを背景に、建築物の高層化・大規模化・深層化、建築用途の複合化・多機能化など、人々が利用する建築空間は変容している。一方で、そのような建築空間において甚大な被害を生じた火災事例も報告されており、適切な火災安全対策が求められている。

高層建築物

高層建築物は、在室者が、安全な場所に避難するまでの時間が長時間化することを想定し、避難階段などの避難経路内で避難者が火煙からの影響を受けないようにすることが肝要である。また、避難階段の数が不足すれば、階段内の避難者は混雑による心理的なストレスを感じることがあるため、避難経路の容量や避難者が過度に集中しない避難誘導方法などの検討が必要である（❶）。高層建築物では、自力避難困難者等を想定し、建築物内に避難者が一時的に待機できる場所を設置するなどの検討もある。高層階で火災が発生した場合、公設消防隊による消火活動は困難なため、火気や可燃物の管理、スプリンクラー設備の設置などの出火拡大防止対策、火災の範囲を限定するための防火区画を設けるなどの延焼拡大防止対策の検討が必要である（❷）。

大規模建築物

平面的に大規模化した建築物では、避難階段などの避難経路が不足しないこと、そして、それらが偏らないようにバランスよく配置することが基本となる。大規模物販店舗などの場合、避難階段がバックヤード付近に配置され、日ごろ使用する買い物の動線と避難階段までの動線は異なる場合が多いが、可能な限り買い物動線と避難動線が重なるようにするなど、避難階段が日常的に利用されるように計画することが望ましい。また、各階の平面を分割するよう防火区画を設け、避難者の一部を水平方向の他の防火区画に一時的に避難させる水平避難の考え方もある。

地下街・地下施設

地下街、地下施設などの地下空間は、外気に通じる開口部の設置が難しく、密閉性が高くなる。そのため、避難や消防活動などの困難性を考え、出火拡大防止対策や延焼拡大防止対策などを熟慮する必要がある。地下空間で出火した場合、煙は高温のため浮力により地上の方向へ上昇する。避難者が地上へ移動する場合、煙の流れる方向と避難方向が重なり、階段内などで避難者が煙にさらされる可能性があり、煙制御方法を十分検討する必要がある。また、地下空間では、避難者は方向性を見失いやすいことから、適切な避難誘導方法の計画が必要である（❸）。　　（大宮）

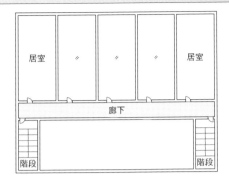

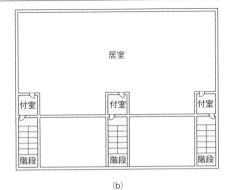

<table>
<tr><td>(a)</td><td>(b)</td></tr>
</table>

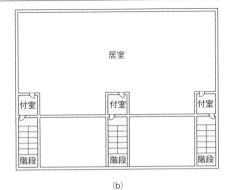

| (a) | (b) |

❶—避難経路の容量

円滑な避難を行うために避難経路の容量を検討することが重要である。
例えば、安全区画である廊下に避難者が滞留することを想定して、廊下の面積を決定することが必要である(a)。
もし、安全区画となる廊下の面積が十分に確保できない場合には、
避難者の数に見合うだけの付室や階段の面積が必要になり、階段の数は多く必要になる(b)。
なお、避難上、1人当たりの必要面積は、0.25〜0.3m²/人が目安となる

種類		備考
閉鎖型ヘッドを用いるスプリンクラー設備	湿式	一般用
	乾式	凍結の対策等
	予作動式	凍結や非火災時の放水対策等
開放型ヘッドを用いるスプリンクラー設備		舞台部等
放水型ヘッドを用いるスプリンクラー設備		高天井部等

❷—スプリンクラー設備の種類

スプリンクラー設備は、天井等に設置されたスプリンクラーヘッドにより、火災感知から放水まで自動で行う消火設備である。
スプリンクラーヘッドには、一般的なビルに設置されるタイプ、凍結を防ぐ寒冷地などに対応したタイプ、
コンピュータ室などにおける誤作動による水損被害を防止するタイプなどがある

| (a)避難口誘導灯 | (b)通路誘導灯 |

❸—誘導灯

誘導灯は、建築物内で火災が発生した場合などに利用者が円滑に安全な場所に避難できるように設置することが
法律で義務づけられている。避難口誘導灯(a)と通路誘導灯(b)の2種類に分けられる

Keywords▶ アクティブシステム、パッシブシステム、排煙設備、消火設備、防火区画

〈火災にどう対応するか？〉

アクティブとパッシブ

建築物の火災を制圧する防火システムは、その作動信頼性などから、アクティブシステムとパッシブシステムに分けられる。アクティブシステムは、電源や水源などを前提としたシステムであり、火災感知器、排煙設備、消火設備などが該当する。パッシブシステムは、停電や断水の状況でも機能するシステムであり、防火区画、防煙区画、耐火構造などが該当する。アクティブシステムは、機能を高度化したシステムが開発されており、アクティブシステムが機能すれば火災被害を局所化できる可能性が高いが、機能しなかった場合を想定し、パッシブシステムを組み合わせた火災安全対策が基本となる。

火災の早期発見

火災を早期に発見するうえで、火災感知器は重要な役割をもつ。火災感知器の種類には、熱感知器、煙感知器、炎感知器などがある（❶）。それぞれの感知器は、設置空間の特徴に合わせ、適切な種類を用いることが肝要である。例えば、台所では、調理中の煙や水蒸気による作動を避けるため、煙感知器ではなく、熱感知器を用いるなどの対応がある。住宅にも、住宅用火災警報器の設置が義務づけられているが、煙の動きを考え、適切な位置に設置することが肝要である。

消火

消火設備には、水系消火設備、ガス系消火設備などがある。水系消火設備はスプリンクラー設備、屋内消火栓設備などが該当する。スプリンクラー設備は、空間の特徴で種類が分けられる。ガス系消火設備は、美術品保管庫、電気機械室、駐車場などに設置される。

区画化

建築物を防火区画などで区画化し、火災を一定の燃焼範囲に閉じ込めることができれば、避難や消防活動の危険性を低減できる。防火区画には、層間区画、竪穴区画、面積区画、異種用途区画などがある（❷）。防火区画は、天井スラブから床スラブまでをふさぐように、耐火性能を有する壁で空間を間仕切ることが原則となる。防火区画に設けられる開口部などを防火シャッターや防火扉などの防火設備等で区画する場合、その閉鎖信頼性に対する配慮が重要となる。ほかにも、防火区画の一部にガラスが使用される場合もあるが、さまざまな仕様の防耐火ガラスが開発されており、空間の使用目的により適切なガラスが選択できる。なお、ガラスを用いる開口部では、非加熱面の表面が高温にならないよう遮熱性に対する配慮が必要な場合がある。

煙制御

避難者が建築物内で煙にさらされ避難に支

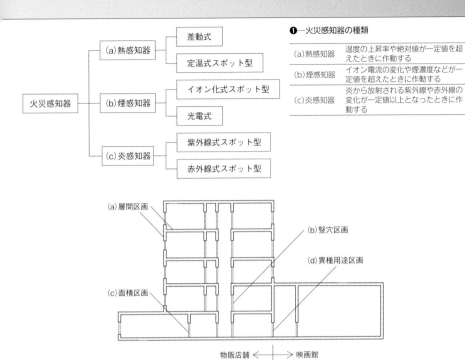

❶─火災感知器の種類

(a)熱感知器	温度の上昇率や絶対値が一定値を超えたときに作動する
(b)煙感知器	イオン電流の変化や煙濃度などが一定値を超えたときに作動する
(c)炎感知器	炎から放射される紫外線や赤外線の変化が一定値以上となったときに作動する

(a)層間区画	床などの水平部材やスパンドレル等の鉛直部材を用い、上下階への延焼を防止する
(b)竪穴区画	階段、エレベーターシャフト、吹き抜けなどの竪穴空間を介した延焼を防止する
(c)面積区画	一定の床面積以内になるように延焼を防止する
(d)異種用途区画	管理形態や利用形態が異なる用途が隣り合わせになる建築空間の延焼を防止する

❷─防火区画

(a)自然排煙方式	空間上部に煙を排出するための排煙口を設け、火災時にその排煙口を開放し、煙の浮力を利用して煙を建物外へ排出する方式である
(b)機械排煙方式	排煙機、排煙口、排煙ダクトなどで構成され、排煙機を作動させ、建物外へ煙を排出する方式である
(c)遮煙方式	煙による汚染を防ぎたい空間へ機械的に給気し、空間の開口部やすきまを介した煙の侵入を防止する煙制御の方式である

❸─排煙方式

障が生じないように、排煙設備などの煙制御システムが開発されている（❸）。煙制御の方法は、扉の開閉状況やガラスなどの開口部材の破損、脱落など、火災の状況を適切に想定し検討する必要がある。

（大宮）

19 建築物の避難計画の考え方

Keywords ▶ 避難シナリオ、火災フェーズ、居室避難、階避難、全館避難

安全な場所への避難

建築物の火災安全設計では、火災時に建築物内の人々が屋外などの安全な場所まで円滑に避難できるように、避難計画を立てる。避難計画は、火災時の避難者のシナリオ（避難シナリオ）と火災が拡がる局面（火災フェーズ）を関係させながら検討する。

避難シナリオは、就寝の有無、避難行動能力、空間の熟知度などの建物利用者の避難行動特性を踏まえ、火災発生から避難開始までの過程や避難開始後に安全な場所に到達するまでの過程などを火災フェーズと照らし合わせながら組み立てる（❶）。

建物利用者が避難を開始するまでには、火災覚知、初期対応行動などの一連の過程がある。一般に、焦げた匂い、人の騒ぎ、自動火災報知設備の警報などの異変を認識し、その異変の原因を確かめ火災覚知に至るケースが多い。火災覚知後、すぐに避難を開始するケースもあるが、消火作業や周囲の人に状況を知らせるなどの初期対応行動をとった後、避難を開始することもある。避難開始後は、避難経路である廊下や避難階段を経て、地上階の屋外へ避難する。

なお、火災フェーズは、建築物内の空間構成や開口部等の開閉状況、もち込まれる什器等の可燃物の状況などに応じ、時々刻々変化する火災性状から検討する。

避難計画の考え方

避難計画は、火災が発生した居室、階、建物全体に分け検討する。

火災が発生した居室の在室者は、火災発生から短時間で煙などにさらされる可能性があるため、出火室から迅速に避難することが必要である（居室避難）。

つぎに、火災が発生した階の在館者は、火災室の火煙が廊下などの避難経路を汚染する前に、階段室などに避難することが必要である（❷）（階避難）。

さらに、火災が発生した建築物内のすべての在館者は、火災階の火煙が避難階段などを汚染する前に、屋外などの安全な場所まで避難すること必要がある（全館避難）。

以上の居室避難、階避難、全館避難を円滑に行うために、おもな避難経路となる廊下、階段などはつぎのような原則に従いながら、適切に計画することが重要である。

まず、避難経路は、在館者が建物内のどの場所にいても2つ以上使用できるように計画することが基本である（2方向避難）。また、在館者が安全な場所に至るまで、わかりやすい避難経路が求められる（避難経路の明快性）。在館者が避難開始し群集となった際、過度な滞留が発生しないよう階段の数や幅、廊下幅、扉幅、階段付室の面積など、避難経路を計画することも必要である（避難経路の容量）。火災フェーズを踏まえ、避難中に使用されている

特性	行動内容
日常動線志向性	日ごろから使い慣れた経路や階段を使って逃げようとする
帰巣性	はじめて入った建物で内部の状況をよく知らない場合などに入ってきた経路を戻りながら逃げようとする
向光性	暗闇に対して不安を抱くことから明るい方向を目指して逃げようとする
向開放性	開放的な感じのする方向へ逃げようとする
易視経路選択性	最初に目に入った経路や目につきやすい経路の方向へ逃げようとする
至近距離選択性	自分のいる位置からもっとも近い避難経路を選択し逃げようとする
直進性	見通しのきく真っ直ぐな経路を突き当たるまで進みながら逃げようとする
危険回避性	炎や煙などの危険な現象からできるだけ遠ざかりながら逃げようとする
安全志向性	自分が安全と思いこんでいる空間や経路に向かいながら逃げようとする
追従性	避難の先頭者や多くの人が向かっている方向に従って逃げようとする

❶─避難行動特性

火災などに直面した人命に危険が及びそうな状況では、不安や恐怖などから理性的な判断にもとづく
避難行動をとることが困難となり、本能的あるいは感情的な対応行動をとる可能性がある。
火災時の避難者の行動特性を踏まえながら、避難計画を検討することが必要であり、
例えば、自社ビルの事務所を設計する場合、利用者が日ごろから使用するトイレの近くに避難階段を設けることにより、
日常動線志向性にもとづき非常時にその避難階段を利用することをうながすことなどが考えられる

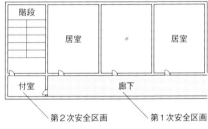

第2次安全区画　　　　　第1次安全区画

❷─安全区画

避難時間が長くなるような建物では、
居室から階段に至る避難経路が、
安全な区画からさらに安全な区画へ順次避難できるように
区画を段階的に設定し構成することが原則となる。
このような区画を安全区画と呼び、
居室から近い順に廊下を第1次安全区画、
階段付室を第2次安全区画と呼ぶ

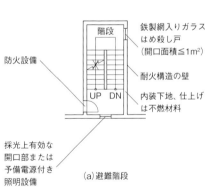

(a)避難階段

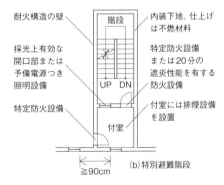

(b)特別避難階段

❸─避難階段、特別避難階段

避難階段には、屋内避難階段と屋外避難階段の2種類があり、
屋内避難階段は耐火構造の壁で囲み、屋外避難階段は耐火構造の壁に接し設けなければならない(a)。
建築基準法では、15階以上あるいは地下3階以下に通じる直通階段は特別避難階段とすることが規定されており、
避難階段よりさらに火災に対する安全性が求められている(b)

避難階段などの避難経路が、火煙に汚染され　　（避難経路の保証）。

ないような構造にすることも重要である(**❸**)

（大宮）

Ⅲ 災害を逃れ避難する

防災を考えるうえで
もっとも重要なことは、
いかに人々の生命を守り、
安全と安心を確保できる生活空間を
つくり上げるかということではないか。
つまり、人間を中心においた
平常時にも災害時にも
強い都市・交通システムが求められる。
発災時の円滑な避難を実現する交通システム、
発災後の生活をサポートする避難所や
仮設住宅などを考える必要がある。
本章では、発災時、発災後、
そして復興期のタイムライン上で
人々が直面する問題や課題を知り、
どのように生活活動を
サポートしていくべきかを考える。

1 災害時の道路ネットワーク

Keywords▶ 地震・津波被害、道路啓開、
災害時交通マネジメント

災害時に道路ではなにが起こるのか

道路ネットワークが被災することで、通行不可能(道路遮断)もしくは一部損壊による通行制限によって交通処理能力が低下し、迂回や混雑が発生する。また、局所的な交通需要の増加はさらなる渋滞を引き起こし、相乗的な交通状況の悪化をもたらす。その結果、初動での避難や人命救助、緊急物資輸送などが滞り、その後の復旧・復興にも大きな影響を与える。ここでは、過去の災害事例から道路被害の実態と教訓を見てみよう。

東日本大震災における道路被害と教訓

2011年に発生した東日本大震災では、地震動による道路路面の陥没や道路構造物の崩壊、津波による道路本体の消失や津波漂流物の堆積など、多くの道路被害が発生した。とくに、津波による被害が深刻であった太平洋沿岸の岩手県、宮城県、福島県では、これまでに類を見ない広域での道路遮断が発生し、沿岸地域が孤立する状況に陥った。

そのような状況において、国土交通省は「くしの歯作戦」と呼ばれる道路啓開(道路を通行できるようにする応急的な復旧作業)を展開した(❶)。具体的には、第1ステッ

プで主軸となる内陸の縦軸、第2ステップで沿岸部への横軸、最後の第3ステップで沿岸部の縦軸の順序で啓開を実施した結果、発災後7日間で約9割の道路啓開が完了した。

一方、首都圏では、直接的な被害は見られなかったが、発災直後に大規模なグリッドロック現象が発生した。グリッドロックとは、交差点に想定を超える車両が流入することで著しく走行速度が低下し、最終的には交通麻痺となる状態である。発災直後からの鉄道運休により帰宅や送迎などの交通需要が大幅に増加した結果、数時間後には多くの道路区間で時速5km/h以下まで速度が低下し、広域かつ長時間に渡って交通が麻痺した。世

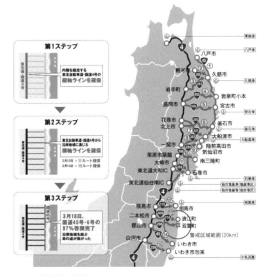

❶—「くしの歯作戦」の概略
震災の大混乱の中、東北太平洋岸全域を短期間で啓開したことは称賛に値する

❷—高速道路の通行止め
付帯設備の被害による道路横断橋のジョイント部の
破損により、道路本体は無傷であったが
長期間の通行止めが発生した

❸—可搬型情報板を活用した交通マネジメント
余震や復旧の状況、周辺の交通状況などに応じた
柔軟な情報提供が行われ、混乱の解消や
渋滞の回避に資する交通制御が実施された

界的に見てもまれな大規模なグリッドロック現象により、大都市の脆弱性があらわとなった。

　東日本大震災を契機として、全国で災害時緊急輸送道路の指定と運用、地震時の道路啓開計画の策定が行われた。また、災害時のパニックや交通混雑、帰宅困難を回避するために行政や自治体、民間レベルで各種避難マニュアルの整備が実施された。

熊本地震における道路被害と教訓

　2016年に発生した熊本地震は、震度6以上の数回の本震にくわえて震度4以上の余震が頻発し、数日間に渡って揺れが継続した。

　道路の直接的な被害は、阿蘇における国道57号の消失と阿蘇大橋の落橋がもっとも大きいが、多くの道路区間で阪神・淡路大震災後の耐震基準が適用されており、軽微な被害に留まった。ところが、九州道や大分道などの高速道路では、道路本体は無傷もしくは軽微な被害にもかかわらず、道路横断橋などの付帯設備の被災が原因で通行止めとなるケー

スが散見された（❷）。道路周辺の施設も併せて耐震化することが求められる。また、たび重なる余震で安全確認作業が中断され、高速道路の通行止めが長期化した。さらに、通行可能な国道や県道などの一般道に迂回交通が集中した結果、大規模な渋滞が連日発生し、被災地の人流と物流に大きな影響を与えた。

　熊本地震では、震災直後から国土交通省の救援部隊であるTEC-FORCEが派遣され、これまでの災害と比較しても早期に道路啓開および復旧作業が開始・完了した。また、直近の交通状況を踏まえた迂回路策定や情報提供などの柔軟な交通マネジメントが実施された（❸）。

　これらは東日本大震災での経験を活かしたノウハウの蓄積、道路啓開計画の策定、災害時での運用トレーニング、日ごろからの自治体との協力体制の構築などの結果であり、災害時においても安全かつ円滑な道路交通を確保できる体制づくりが進められている。

（栁沼）

2 災害時の鉄道ネットワーク

Keywords ▶ 地震・津波被害、帰宅困難、2次被害、暫定復旧

《発災時：どのように避難するか？》

災害時に鉄道で起こること

　鉄道ネットワークの被災は、道路と同様に運休や運行頻度の低下によるサービスレベルの低下が発生し、迂回や混雑が発生する。鉄道は長距離を大量輸送が可能であるため、復旧・復興期に果たす役割は大きい。しかし、鉄軌道本体に加えて送電設備や信号設備、車両などの複合的かつ複雑な交通システムであり、これらすべてを修復する必要があるため、被害規模にも依存するが道路よりも復旧が長期化する傾向にある。ここでは、過去の災害事例から鉄道被害の実態と教訓を見てみよう。

東日本大震災における鉄道被害と教訓

　2011年に発生した東日本大震災では、東北沿岸部で運行されていた鉄道路線の多くが地震動と津波による直接的な被害により、長期に渡って運行が困難な状況に陥った。鉄道の復旧には多額の費用と時間を要するが、復旧・復興を支える地域の足や復興のシンボルとして再開が急がれた。

　三陸鉄道では、震災後の一部復旧を経て2014年に全線復旧を果たしている。JR気仙沼線、大船渡線ではBRT（Bus Rapid Transit）を活用した暫定復旧が早い段階で行われ、鉄道が普及した後は両者を駅で接続するマルチモーダル運用が行われた。なお、JR常磐線は福島県沿岸部での被害が大きく、かつ原発被

害地域を通過することから復旧が長期化したが、2020年に品川から仙台まで全線が復旧した。

　首都圏では、直接的な被害は軽微であったが、被害確認・点検作業によりほぼ全線で運休となった。その結果、駅施設に多くの利用者が押し寄せて混乱が生じ、事故等の2次被害を抑制するために駅の閉鎖が実施された。また、鉄道路線は当日中には復旧せず多くの帰宅困難者が発生した。さらに、その後の電力不足による計画停電によって、一部時間帯での運休や間引き運転などの運行を余儀なくされた（❶）。

　東日本大震災では、想定を超える被害により、既存のマニュアルでは対処できないケースが散見された。発災時の運用や復旧期のマネジメントを関係する自治体や鉄道事業者、周辺企業と連携して議論しておく必要がある。

熊本地震における鉄道被害と教訓

　熊本地震では、阿蘇において豊肥本線が大きな被害を受けた（❷）。道路と鉄道が並走する地点であり、両者が同時に被災することで交通の代替性が失われて当該地域は孤立状態に陥った。今後の交通計画を実施するうえで、地域の災害リスクを考慮しながら複数の交通手段で冗長性を確保する計画論が必要である。

　また、九州新幹線では車両の脱線が生じた（❸）。幸いにも回送車両であったため旅客へ

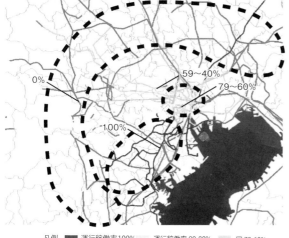

❶─東日本大震災における首都圏
鉄道の運行状況（2011年3月14日）
首都圏では発災当日に
全路線が運休したが、
安全な運行が担保された路線から
順次運転を再開した。
その後、運転が再開されたが、
計画停電や電力需要が逼迫する
厳冬日には運休や間引き運転により
サービスレベルが低下した。
停電などの不確実な要因もあり、
震災以前の水準に回復するためには
3週間程度の時間を要した

凡例 ■ 運行稼働率100%　■ 運行稼働率99-80%　■ 同 79-60%
（通常運行）
同 59-40%　■ 同 39-1%　■ 同 0%（運休）　■ 情報なし

❷─阿蘇における鉄道および道路の被害状況
阿蘇では外輪山の地理的な制約から交通機能が集中しており、
この地点での大規模な土砂崩壊によりすべての交通機能が消失した。
災害リスクの観点から交通機能の分散や複数の代替経路の整備が求められる

の被害はなかった。これを教訓として、全国
の新幹線路線で脱線防止ガードの設置が進め
られた。また、鉄道路線本体や高架橋などの
構造物には新たな耐震基準が適用されていた
ため、被害は見られなかったが、防音パネル
の脱落などが生じた。加えて、道路と同じく
付帯設備や周辺構造物の損傷による2次的な
被害が見られた。今後は、本体構造の耐震性
能のみならず関連設備や周辺施設を加味した
リスク管理が求められる。　　　　（栁沼）

❸─九州新幹線の脱線現場における復旧工事の状況
脱線によりコンクリート製の軌道（スラブ軌道）や
線路締結装置が損傷した。これを契機として脱線防止ガードが
すべての新幹線路線で設置された

3 観測システムによる道路状態の把握

Keywords ▶ 交通観測、AIカメラ、
ETC2.0プローブ

交通観測の技術

　時々刻々と変化する交通状態を観測することは平常時・災害時を問わずデータにもとづく実態の把握や施策の検討、マネジメントの実施に有益な情報となる。そのため、時間的・空間的に高解像度での観測が求められており、最新の技術が積極的に導入されている。

　おもな交通観測の技術を❶のように整理した。縦軸に観測方法（固定観測と移動観測）、横軸に観測対象（交通流と交通行動）を配置した4つのパターンに分類している。固定観測（Euler型観測）は、通過交通量のように自動車や人などを定点から観測する方法であり、長期にわたってほぼ全数に近いデータを取得できるが、観測領域が定点付近に限定される。一方、移動観測（Lagrange型観測）は、GPSやCAN（エンジン回転数やドアの開閉などの自動車の電子制御情報）のように移動体とともに動きながら観測する方法であり、移動体の詳細な行動を緯度経度のドットレベルで取得できるが、取得

されるデータは車載器を搭載した車両に限定される。

　最近では、カメラやセンサなどの観測デバイスの軽量化や低コスト化、人工知能（AI）などの情報処理技術の進歩を背景に固定観測と移動観測の双方で、高精度かつ大規模な常時観測データの収集が可能となっている。

AI技術とカメラ画像を活用した固定観測

　道路上には管理用のCCTVカメラが設置されており、取得した動画像を活用した交通量の計測が行われている（❷）。その背景には、第3次人口知能ブームの火付け役である深層学習（Deep Learning）が大きく寄与しており、自動車以外にも二輪車や歩行者などの観測が可能である。なお、CCTVカメラが設置されていない災害現場にあっても市販のビデオカメラを活用すれば柔軟に短期間で観測体制を構築できる。カメラとAIを組み合わせた技術は、従前の人手観測と比較して、観測の高精度化、自動化、低コスト化に大き

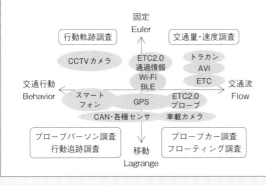

❶—交通観測技術の整理
交通観測にはさまざまな手法が存在するが、CCTVカメラや位置情報（プローブ）を活用した事例が実務でも広く普及している

❷─CCTVカメラとAIを活用した交通量観測
CCTVカメラ画像にAIを適用して
高精度に車両を検知している
四角に囲まれたものが検出した車両であり、
大型車と小型車を識別している

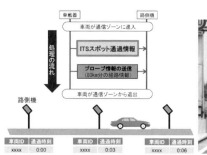

❸─ETC2.0プローブ
データの概要
車載器に蓄積された
走行記録データが
道路上の路側機との
双方向通信により
収集される。
2021年4月時点において、
路側機は全国
4,100か所に設置、
車載器は約640万台に
普及しており、
道路ビッグデータの
取集基盤となっている

く寄与している。

ETC2.0を活用した固定・移動観測

2011年に国土交通省が運用を開始した ETC2.0プローブデータは、路側機単位のスポット通過情報（固定観測）と車両単位の走行履歴情報（移動観測）を統合処理した常時観測データである（❸）。スポット通過情報は5分周期でのリアルタイム観測を実現しており、時系列での通過交通量が取得できる。また、若干の加工を施すことで、路側機間の交通量や所要時間、速度を求めることが可能である。走行履歴情報は、車両軌跡や運転挙動などの豊富な情報を利用できるが、マップマッチング（GPSの計測誤差を補正して道路地図上の正しい位置に修正する処理）などの処理が行われるため、利用までに数週間の時間を要している。

ETC2.0プローブデータは、これまでに道路整備や渋滞対策、事故対策の分析・検討の実務で広く利活用されており、近年では災害時の交通マネジメントにも導入されている。例えば、ETC2.0スポット通過情報を活用した事例として、2016年に発生した首都圏での降雪時の分析では、発生直後から通過交通の有無や通過台数等の変化を可視化することで、小通ネットワークの異常を早期にとらえることに成功している。このような観測システムを活用することで、リアルタイムな交通状態のモニタリングと異常発生の早期検知に資することが期待され、本格的な道路DX（Digital Transformation）時代に突入するであろう。 　　　　　　　　　　　　　　　（栁沼）

Keywords▶ 経路選択行動、豪雨災害、
ETC2.0プローブデータ

ドライバーの行動原理

　交通行動は、個人が通勤・通学や買い物などのなにかしらの活動目的を達成するために生じるものであり、ある出発地から出発時刻、目的地、交通手段、経路などの複数の選択を同時に決定する複雑な現象である。

　ドライバーの経路選択に関する行動原理として「等時間原則（Wardropの第1原則）」が広く知られている。これはODペア間（出発地Originと到着地Destinationの組合せ）の移動時間が最小となる経路が選ばれるというシンプルな行動原則であり、自身の経験と照らし合わせても違和感のない考え方といえよう。しかし、ドライバーが経路の所要時間を把握していることが前提にあり、災害時のような道路遮断や渋滞などの不確実性が高い場面では、等時間原則にもとづく行動原理は成立しているとは言い難く、あくまでも平常時を想定した概念となっている。

災害時におけるドライバーの行動

　近年では、GPSによる移動観測（プローブ調査）が普及しており、これまで観測が困難であった災害時の交通行動に関する知見が蓄積されつつある。ここでは、ETC2.0プローブデータを利用して、豪雨災害時のドライバーの行動を考察してみよう。

　2015年9月関東・東北豪雨は、堤防決壊による広範囲での浸水による人的・経済的被害が発生し、激甚災害に指定された豪雨災害である。鬼怒川上流部での豪雨により、茨城県常総市にて2015年9月10日6時ごろに溢水、同日13時ごろに堤防決壊、これにより、鬼怒川と小貝川に挟まれたエリアで最大40km²の浸水被害が発生した。

　当時のETC2.0プローブデータの走行履歴を日別に可視化した結果を示す（❶）。発災前の9月3日と発災当日の9月10日を比較すると、発災当日では交通量がまったく観測されていない道路区間が存在する。これは、後日公表された浸水範囲と合致することから、道路遮断が発生していたことを示している。また、浸水エリアの外側で観測点の増加が見られ、ドライバーの迂回行動（経路変更）の発生が推察される。

　これを確認するために、車両単位（ミクロ）と地域単位（マクロ）で分析した結果を確認しよう。データを抽出すると、平常時では移動時間が最短となる主要国道が利用されるはずであるが、浸水による道路遮断によって不自然なUターンや遠回りとなる経路の選択などの回避行動が詳細に記録されており、避難や迂回のようすが複数観測された。

　浸水エリア付近を4つの地域に分割し、地域間の交通量を地域単位で集計した結果（❷）を見ると、浸水被害の前後で交通量が変化しており、地域によって増減のパターンが異なることが確認できる。これは、浸水による迂回に加えて、移動の取りやめによる交通量の

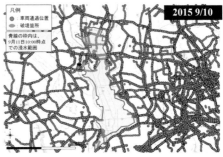

❶—ETC2.0プローブデータ走行履歴の可視化
車両が走行した位置情報が記録されており、
ドライバーの行動を緯度経度のドットレベルで詳細に把握することが可能である。
浸水領域を回避する行動が詳細に記録されており、これまでにデータ収集が困難であった災害時の経路選択行動を
理解するうえで重要な知見となる

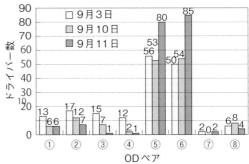

❷—浸水エリア付近の交通量
浸水によって図中の①から④では減少、⑤と⑥では増加が確認できる。
なお、地域によって含まれる道路種別(高速道路、国道、県道など)が異なるため、
交通状況には地域特性が存在することに注意したい

減少や、救助や物資輸送に関する交通量の増加などが関係していると推察される。また、浸水被害前後での道路区間の所要時間を比較した結果、最大で4倍程度の増加が見られ、渋滞による大幅な時間損失が生じていた。

適応的な災害時交通マネジメント

　ETC2.0の観測結果から詳細なドライバーの詳細な行動を把握することが可能となり、ドライバーは不確実な道路状況に依存した経路選択を行っていることが明らかとなった。そのため、道路ネットワークの常時観測による道路状態の把握、通行止めや渋滞情報の提供、現地での経路誘導などの交通マネジメントが求められる。とくにドライバーに対しては、交通状況や迂回経路の情報を提供して、移動の中止や目的地、出発時刻、経路の変更を促すことが重要となる。　　　　(栁沼)

5 公的な避難所

避難所とはなにか

大地震や台風などの大災害が起きたとき、自宅で電気、ガス、水道などのライフラインが使えなくなることがある。その際、各地域にあらかじめ指定された建物へ避難することになる(❶)。その代表の学校建築は、ふだんから地域の運動会に使用されたり、体育館が選挙での投票所になるなど、地域に根づいた身近な公共施設である。日本各地の市町村も学校等が避難所になることを見越した運営のマニュアルを所持している。学校施設の防災機能に関する実態調査(国立教育政策研究所、2013)によれば、全国の公立学校のうち、95.2%の小・中学校(約2万8千校)が地方自治体により避難所に指定されている。学校が避難所に指定されやすい理由には、A:地域の中でなじみがあり、いろいろな人が知っている。B:水道やトイレ、家庭科室、保健室、給食室など、大勢の人間が生活できる最低限の基盤がある。C:大きな広い場所(グラウンド、体育館)で、大勢の人・物を受け入れられる、といったものがあげられる。

学校を避難所として使用する場合(❷)

避難所には就寝、炊出し、物資保管、配給、広報、救護など多岐にわたる機能が求められる。学校を避難所として使用する場合、これらの機能を合理的に配置する必要がある。

[1]避難者の居住スペース

おもに体育館を使用する。1人当たり2m²が基準となる。避難者を収容しきれない場合、普通教室や特別教室、廊下も使ってスペースの確保を行う。近隣に住む世帯同士同じ場所にまとめ、部屋やスペースを割り当てるとよい。顔なじみであることで避難者の人数把握や食料配布時の数量確認、情報交換が容易になり、プライバシー確保問題の緩和が図れる。

[2]更衣室・授乳室

女性に配慮し、人目から離れ居住スペースから遠い場所に更衣室や授乳室が必要となる。

[3]運営本部

避難者のおもな生活空間である体育館内や建物の入口付近、また体育館付近に位置する特別教室に設置する。同時に支援物資も安全管理上、運営本部付近で管理する。

[4]トイレ、生活水、風呂

ライフラインが停止すると、数日〜数週間断水の状態が続く。給水設備が高置水槽式の場合、当初は水槽に残っている水を使用できる。仮設トイレは避難所1か所につき5〜10基の設置が必要であり、過去の事例から、実際に仮設トイレが搬入・設置されるまで2〜3週間ほどかかる。仮設トイレが設置されるまでは校庭や体育館裏の空地に溝を掘り、水を使用しなくてもよい簡易トイレを設ける。シャワーや風呂も利用できないため、自衛隊が校庭に簡易風呂を設置したり、風呂を利用できる場へ送迎したりする。

	おもな対象施設・場所	概要
第1指定避難所	校区市民館 地区市民館	災害により被害を受け自分の家などを失い居住できなくなったとき、または被害のおそれのある場合に避難する場所
第2指定避難所	小学校 中学校 高等学校 コミュニティセンター	第1指定避難所の収容能力を超えた場合に開設。大規模な地震の際は、第1指定避難所と同時開設される
福祉避難所	福祉センター	高齢者、身体障害者等に対応した避難所
帰宅困難者支援施設	公民館 芸術劇場	公共交通機関の運行停止によって、駅周辺に滞留した人の帰宅を支援するための施設
津波避難ビル	公共施設　小学校 中学校 市民病院 中央図書館 民間施設　マンション ホテル 老人ホーム	津波発生時における緊急避難場所として指定。3階以上に避難
広域避難場所	公園 緑地	大地震によって市内が大火災になったときに、市民の生命を火災から守る避難場所。防災倉庫または防災器材庫設置

❶—公的に指定された避難所の例（愛知県豊橋市の場合）

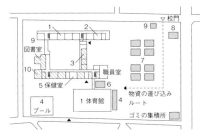

1 避難者の居住スペース
2 更衣室・授乳室
3 運営本部、支援物資置き場
4 トイレ、生活水、風呂
5 医療、身体弱者対応スペース
6 炊出し場所
7 駐車場所
8 ペット対応スペース
9 交流スペース
10 ボランティアの詰め所

□ 普通教室　◨ 特別教室　□ トイレ　◀ 昇降口　避難所用追加スペース

❷—学校を避難所に使用する場合の機能配置例

[5]医療、身体弱者対応スペース

保健室は医療空間に適している。高齢者や身体障害者への対応としては、トイレの近くや1階の教室への優先的入居を行う。一時的に学校内に遺体安置所が設置されることもある。

[6]炊出し場所

大勢の避難者に炊出しを行うため天候に左右されない校舎内や体育館の昇降口付近など屋根のある屋外空間がふさわしい。

[7]駐車場所

世帯単位で自動車によって避難してくる者も多いため、校庭を効率よく使う。とくに救援物資の搬入ルートを確保する。

[8]ペット対応スペース

ペットと一緒に避難してくる避難者も多い。対策には、ⅰ）ペットを集めて専用の部屋内で管理する、ⅱ）運動場の遊具につなげる、ⅲ）飼い主とペットが同居して生活できる部屋を設ける、などがある。

[9]交流スペース

長期にわたる避難生活の負荷を軽くするため図書室を交流スペースにするとよい。喫煙場所は火気を扱ううえ、学校施設内での児童・生徒への教育上好ましくないといった理由から、できるだけ敷地外に近い門や昇降口付近を当てる。　　　　　　　　（垣野）

Keywords▶ 避難所、運営の課題、避難所運営のポイント

避難所を開設するとき

1995年阪神・淡路大震災では多くの家屋が倒壊し、体育館などの公共施設だけでは避難者が収容しきれなかった。32万人の避難者が生まれ、1,079か所の避難所が開設された。その1週間後でも、1,000人が殺到した避難所（小中学校）は52校あり、3,000人を超える人々が避難した学校もあった。東日本大震災では、避難所に被災者が殺到し、食料が不足したり、治療が遅れるケースが多く報告された。避難所では、100人分の水や食料を、1,000人を超える避難者で分ける事態も起こる。さらに東日本大震災では、学校などの避難所が津波のため、1階には海水、土砂が流れ込み、校舎1階、グラウンド、体育館全体がまったく使えなくなった。2階以上を避難生活場所とし、体育館は海水が引いた後ブルーシートを敷いて、炊出しや配給、備蓄場所として使うことになった。津波被害を受けるか否かで、その避難所の使い勝手がまったく変わってしまう。

開設した避難所で起こる課題（❶）

課題1：避難者が殺到し避難所が大混乱する

東日本大震災では、想定を上回る避難者が発生したことから、指定されていない施設も避難所等に利用された。内閣府は、大地震対策として避難所の受入れの際、弱者を優先する「トリアージ」（選別）を提言している。

課題2：子ども・女性への配慮がされない

乳幼児を抱えた母親の多くは、子どもの泣き声など周囲への気兼ねから、早々に避難所を離れることがある。やむなく自宅で避難生活を行う場合、避難所に集まる情報や物資を得にくくなる。また避難所では女性のプライバシー確保が困難である。着替え場所、洗濯場所、仮設トイレなどが男女別でないうえ、避難所の運営委員に女性が少なかったため、下着や生理用品などを要望しにくいなどの問題が発生する。

課題3：高齢者、障害者、体調不良者への配慮がされない

避難所での生活は、行動の制限、生活環境の変化により生活が不活発になりやすい。そのため、避難生活の長期化から起きる体調不良、身体の機能低下等健康上の問題が起きる。障害者への対応は、災害時要援護者対応計画として定められている。しかし、集団生活になじめない、周囲の避難者からの理解が得られない、設備が不十分等の理由から避難所での生活が困難となる。また、保護者が集団生活は無理と判断し、避難所で生活しない者もいる。これらの場合、自宅での避難生活を余儀なくされ、情報や支援されるべき物資を得る機会を失う。

課題4：避難所運営を行う組織体制がなく一部に大きな負担がかかる

多くの避難所では運営する組織体制がなく、一部の者に大きな負担がかかる。学校の

❶──約80人が避難生活を送る小学校体育館のようす（宮城県、2011年7月15日）
体育館マットや段ボールの仕切りを使って各避難者が場所を確保している

場合、校舎を熟知している教師が陣頭指揮をとる場合も多く、仮眠もそこそこに2週間もの間、避難所の運営にかかりきりだったケースもある（❷）。

運営上の整理するポイント

　避難所運営においてリーダーは非常に重要であり、スムーズな運営に大きく影響する。事前の運営計画段階で、各時期のリーダー・

1）避難者の受入れ、校舎内の居住スペースへの誘導
2）運営の基本的な計画や避難所内でのルールの作成、避難者への提示
3）避難者が居住する各部屋・スペースの割振り、調整
4）救援物資の食料や生活用品の公平な分配や配布作業
5）避難者のリーダー、市職員、自治会長、校長等同士のミーティングや調整

❷──過去の震災時に教師が実際に担った役割

役割をあらかじめ明確化しておくことが必要となる（❸）。　　　　　　　　　　（垣野）

	運営上の課題	実際にとられた対応、とるべき対応
1	運営計画・運営の中心人物をだれにするか	①最初の1～2週間は教職員　→　市の職員へ運営の中心がシフト　②自治会
2	教職員の立場・仕事内容	①避難所運営の陣頭指揮　②物資の配給　③トイレ管理など、多岐にわたる
3	市町村職員の役割	避難所開設時に市職員が派遣され運営を行えない場合の対策を立てる

❸──運営上の課題と対策

空間の機能と設備から見た円滑な避難所運営

Keywords▶ 避難所運営、避難所の機能、避難所の設備

空間の機能面・設備面から見た課題と対応策の一覧を示すとともに（❶）、以下に課題と対応策について補足する。

避難所の収容可能人数を算定しておく

被災直後、予想を上回る人数が避難所に殺到した場合、避難生活スペースへのスムーズな誘導や対応が困難である。避難所指定されている施設の管理者、例えば教職員は、あらかじめ体育館や校舎への収容可能人数を算定しておくことが重要である。

災害時用備蓄品の有無や数量を把握しておく（❷）

過去の大災害で避難所になった施設には、非常食や飲料水、毛布などの災害備蓄品がほとんどなかった。被災して1日目から避難者への配給品がまったく足りず、体調面・精神面において避難者に大きな負担を与えた。自助による避難生活期である1〜3日分の災害用備蓄品は避難所となる施設にふだんから備蓄する必要がある。また、外部から届いた救援物資の保管に関しても、避難者に公平に分配できるよう、安全管理上、避難所運営本部に近い場所を確保しておく。

ライフラインの停止時でも使える設備のチェック

被災時、電気、水道、ガスといったライフラインが停止し、トイレや空調、照明や情報機器の使用などが制限される。しかし、施設によってはプロパンガスを採用していたり、給水設備が高置水槽式で、貯水の分のトイレの使用が可能な場合がある（❸）。ライフライン停止時でも使用できる設備があるかどうか、事前に把握しておくとよい。

避難者のニーズへ柔軟に対応する

避難者には乳幼児から高齢者、身体障害者や妊婦、地域住民や帰宅困難者などさまざまで、犬や猫などのペットも含まれる。多岐にわたる避難者に対応した居住スペースの振分けや更衣室・授乳室、ペット専用の部屋といった機能の付加が必要となり、子どもたちの遊ぶ場所や避難生活者の交流の場、喫煙者のための喫煙所など、娯楽スペースも避難生活において大きな役割がある。避難者のニーズに柔軟に対応できるよう、さまざまな機能を配置する必要がある。

避難者と学校関係者の棲み分け

学校が避難所になる場合、被災から数週間後、学校の授業が再開される。しかし避難所閉鎖が難しい学校では、学校関係者と避難生活者の棲み分けが必要となる。通常、体育館など1か所に避難者を集め、避難生活場所と授業を行う場所が重ならないよう計画する必要がある。体育館だけで避難者を収容できない場合は、校舎内の教室も使う。学校によっては教室数に余裕がないため、学校の授業再

	機能・設備を確保するうえでの課題	実際にとられた対応、とるべき対応
1	だれが、どこを居住スペースとして使用するか	収容人数の目安を把握しておき、近隣に住む世帯同士をまとめて、体育館や校舎内にふりわける
2	女性に配慮した部屋の確保	授乳室、更衣室を確保する
3	避難所運営本部をどこに確保するか	体育館内の一部のスペースや入口付近、体育館に近い特別教室
4	職員室の使用方法	教職員が常駐・宿泊する部屋として使用。学校再開を見越して、避難所には使わない
5	水道が復旧しない場合、トイレをどう確保するか	仮設トイレの設置もしくは、校庭や体育館裏に溝を掘り、簡易トイレとする
6	医療空間をどこに確保するか	保健室もしくは特別教室を簡易医務室として利用する
7	高齢者・身体障害者用居住スペースへの配慮	①トイレ近くもしくは1階の教室を居住場所とする、②家族や近隣同士がまとまって生活できるようスペースを確保する
8	物資の保管場所をどこに設置するか	居住スペースと運営本部に近く、できるだけ広い場所に設置
9	炊出し場所をどこに確保するか	昇降口付近など屋根のある屋外空間
10	災害情報などをどのように取得するか	ラジオが主力、ソーシャルネットワークツールも利用
11	避難者がつれてきたペットをどう扱うか	①ペットを集めて専用の部屋内で管理する、②運動場の遊具につなぐ、③飼い主とペットが同居して生活できる部屋を設ける
12	喫煙者の喫煙場所をどこに設置するか	①できるだけ敷地外に近い門や昇降口付近、②喫煙できる時間帯を決める
13	子どもの遊び場をどう設置するか	体育館の一画や校舎1階の隅、図書室、児童会室など

❶—空間の機能面・設備面から見た課題と対応策一覧

開期では、避難者と学校関係者との動線の混線をできる限り避けつつ、最低限の学校業務が行えるよう計画する。

情報源の種類、情報の収集方法

被災時、電気が停止し、テレビや電話といった電源の必要な情報機器は使用できない。その中で安定して得られる情報源がラジオである。また携帯電話やスマートフォンなどの携帯情報機器は、回線がまったくつながらず、バッテリー切れで使用できなくなる可能性が高い。過去の災害では、回線がつながった場合ソーシャルネットワークツールを

品目	
ビスケット(発災初日用)	仮設トイレ(屋外用・室内用)
アルファ米(発災2・3日目用)	パック毛布
飲料水	投光器
粉ミルク	コードリール
はそりセット	発電機
カセットコンロ	懐中電灯
カセットコンロ用ボンベ	生理用品
箸	紙おむつ
紙皿	ティッシュペーパー
紙コップ	パックタオル
折畳水容器	三角巾
缶切	ブルーシート
哺乳瓶	バケツ

❷—備蓄倉庫内に保管される備蓄品例

利用して必要な物資の情報や避難所の状況を発信し、外部との情報交換を行った(❹)。

(垣野)

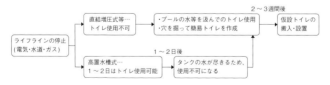

❸—被災後のトイレ活用フローチャート

❹—情報機器活用フローチャート

8 避難所に頼らない避難生活

Keywords ▶ 避難生活、避難所、避難生活類型

避難所以外の活用

　大きな災害が起き、多数の避難生活者が生まれた場合、体育館などの避難所は有力な生活の受け皿となる。しかし避難者の生活に対するニーズは実に多様であり、避難所だけでは生活を支えきれない。実際、2011年東北地方太平洋沖地震、2016年熊本地震では、避難所以外での生活（車中や屋外テントでの避難生活）を送る被災者が多く見られ、注目を集めた（❶）。本震後、余震による建物の倒壊被害に対する不安から、体育館などの建物内ではあえて就寝しない者が続出した。具体的に避難生活は、A：避難所、B：駐車場などの広い場所でテント泊、C：駐車場や路上に自動車を泊めて車中泊、D：親戚宅、E：自宅の庭でテント泊、車中泊、F：自宅内などの選択肢を組み合わせながら行われた。

現実の避難生活

　避難所外で過ごす被災者は、昼間は仕事に行ったり、被災した自宅の片づけ等を行う。夜になると、小中学校のグラウンドや競技場の駐車場に移動する。そして炊出しや支援物資の配給、自衛隊が開設した仮設風呂への入浴、情報収集を行う。そしてこれらの支援を得ながら、車中やテントで就寝する。こういった場所に被災者が移動してくるのは、物資や情報、人が集まりやすい所を選択した結果である。これまで被災時には、避難者を収容するため、避難所として体育館等の大きな公共の屋内スペースを使用することがいわば常識とされてきた。しかし、2016年熊本地震では、余震によって建物の倒壊が懸念される場合、被災者が避難所で過ごすことを回避することもあった。とくに、各家庭が数台の自動車を保有する地方都市では、自動車やテントが主要な避難生活スペースとなる。

　避難所外生活を送る理由として、他者への配慮、避難所内の混雑など避難所の環境によるものがある（❷）。また避難所が自宅から離れていたため、被害を受けた自宅近辺に車やテントなどで生活拠点をつくり、できる限りふだんどおりの生活を送る場合もあった。

避難生活例と選択理由

　実際の避難生活は非常に複雑化する。

1) ペットとの生活重視タイプ（❸）

　ペットを飼っており、避難所にもち込めなかったため、避難所生活を断念した。駐車場で車中、もしくはテントで生活を送っている。7月からペット同伴可能な旅館へ移動し、避難生活を続けた。7月上旬まで、移動回数は計5回で5月にエコノミークラス症候群を発症するなど、過酷な生活を強いられた。

2) 避難所近辺・複数拠点利用タイプ（❹）

　余震を恐れ、自宅敷地近辺でテントでの生活を送った。避難所が混雑していたために、家族はグラウンドに設営したテントと体育館や保育園に分かれて生活を送った。　（垣野）

❶─震災後、公共の駐車場に停めた車中やテントで生活する避難生活者が多く出現した

1	避難所で被災者を収容しきれないため、やむなく
2	避難所は顔見知りでない多数の人と共同生活になり、プライバシーが確保しづらく生活しにくいため
3	障害をもった被災者がいる家族の場合、避難所の人たちにその障害が理解されない、避難所生活になじめない、他者に迷惑をかける可能性がある、といったことを懸念するため
4	避難所でペットと一緒に寝泊まりしたいが、他の生活者の中にペットを好まない者や、避難物資をペットに与えることに抵抗をおぼえる者もいて、避難所で生活しにくいため
5	余震などによる建物倒壊を不安視し、屋内での宿泊を避けるため

❷─避難所以外での宿泊を選択する理由

Ⅲ 災害を逃れ避難する

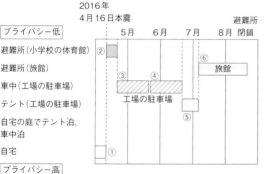

①4月14日の前震から16日まで、通常通り自宅で生活
②自宅が倒壊したため、小学校の体育館で避難生活
③犬と生活をするため、避難所には入らず駐車場に車を停めて車中生活
④車中泊によりエコノミークラス症候群を発症。車種を広いものに変更
⑤ボランティアが設置したテント村に、犬と移動。テント生活
⑥ペット同伴可能な旅館へ移動ペットと生活

❸─ペットとの生活重視タイプ

①余震が怖く、家の中が散らかっていたため自宅の車庫でテント生活
②父親は中学校のグラウンドにテントを張り、家族は中学校の体育館で生活
③中学校の避難所は人が多く家族は保育園に移動
父親はグラウンドでテント生活。
④中学校の避難所が空いたため家族は中学校へ移動
父親はグラウンドでテント生活

❹─避難所近辺・複数拠点利用タイプ

Keywords▶ 応急仮設住宅、供給基準、供給フロー、仮設住宅の建設立地

応急仮設住宅とは

災害直後の被災者の応急な生活の救済を定めた災害救助法によれば、「応急仮設住宅」とは、地震・水害・山崩れなどの自然災害などにより、住家が全壊、全焼または流失し、居住できる住家を失い、自らの資力では住宅を得ることのできない者に対し、行政が貸与する仮の住宅をさす。すなわち、災害直後の一定期間において、住まいを失った被災者に対して貸与される仮設的な住宅を意味する（**❶**）。

応急仮設住宅の供与基準

災害救助法の災害救助基準では、避難所の設置、炊出しその他による食品や飲料水の供給、生活必需品の貸与または給与、被災した住宅の応急修理、障害物の撤去など、さまざまな種類の救助の基準が設けられており、応急仮設住宅に対しても、供与の対象者、建設費用の限度額、一戸当たりの規模、供与の期間などが定められている。

例えば、応急仮設住宅を新設する場合、災害発生時から20日以内に着工することとし、1戸当たりの平均床面積を29.4m²（約9坪）、平均建設費（国の補助限度額）は約240～253万円、貸与期間は2年3か月以内としている。ちなみに、東日本大震災でのコストは500～600万円/戸、12～13万円/m²程度であった。また、被災者の個別住宅以外に、高齢者

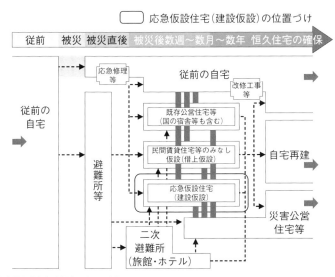

❶—被災後、恒久的な住宅を確保するまでの流れ

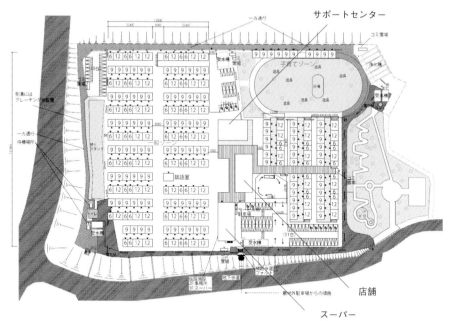

❷—東日本大震災直後に計画された釜石市平田（へいた）第六仮設団地の全体配置図
中心部には、サポートセンター、店舗、スーパーが配される。
各住戸の玄関は向かい合わせになっている

の要援護者等を収容する「福祉仮設住宅」や、約50戸以上の住宅地に対しては一定規模の集会施設などを設けることができる。これらの基準は、民間賃貸住宅の借上げによる応急仮設住宅（いわゆる「みなし仮設」）に対しても適用される。

応急仮設住宅の供与主体と建設事業者

　応急仮設住宅の供給主体（発注者）は原則として都道府県であり、市町村に委任することができる。また応急仮設住宅の建設を請け負う建設事業者（受注者）は、これまではおもにプレファブ建築協会（プレ協）の、仮設建設の供給を本業とする仮設建設メーカー（プレ協規格建築部会）や、おもにプレファブ住宅を生産

供給しているハウスメーカー（プレ協住宅部会、住団連会員団体会員企業）であったが、近年では全国木材組合連合会（全木連）などが都道府県と協定を結んで地元工務店を活用して建設する例もある。

応急仮設住宅の立地

　被災後に新たに建設される応急仮設住宅は、災害現場の近くに建設することができるため、被災以前のライフスタイルやコミュニティを維持しやすい。一方、応急借上げ住宅（みなし仮設住宅）は、既存の住宅を活用するので従前のコミュニティを維持することは困難であるが、比較的居住性能が高く短期間での住替えも可能である。

❸—玄関を向かい合わせにしてバリアフリー用デッキを設置（釜石市平田第六仮設団地）

応急仮設住宅の配置

　もっとも一般的である長屋形式の住棟による応急仮設住宅の配置は、各戸の最低限の住環境の確保という視点から、単純な平行住棟配置となるケースが多い。しかし、高齢者の孤立防止、入居者同士の交流促進、コミュニティ形成などの観点から、例えば、玄関を向かい合わせに配したり、掃出し窓に濡れ縁を設置するような工夫も見られる（❷、❸）。

応急仮設住宅内の共用施設

　福祉仮設住宅とは、特別な配慮を要する複数の者が入居する応急仮設住宅で、バリアフリー対応、生活援助員等の管理者の宿直、共用スペース、個室等を設置するなど、在宅サービスを受けやすい環境となっている（❹）。

　サポートセンターとは、一定規模以上の応急仮設住宅に建てられる地域拠点としてのサポート施設であり、総合相談コーナー、デイサービス、居宅サービス、配食サービス、地域交流スペースなどの機能をもつ。

　その他、応急仮設住宅には、仮設商店街を併設した事例、移動手段を導入した事例、移動販売を実施した事例などもある。

（岩岡）

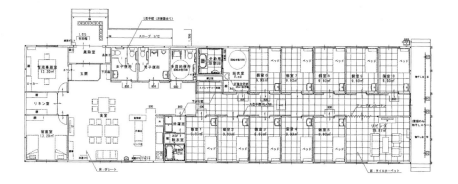

❹—さまざまな機能が複合した
福祉仮設住宅（岩手県の事例）

10 仮設住宅の事例とアイデア

Keywords▶ 仮設住宅、住戸プラン、応急借上げ

住戸の集合形式

住戸が1戸ごとにそれぞれ独立して建設される戸建てタイプは、住戸間のプライバシーや居住性は高いが建設費用がかさむため、自力建設による住居（❶）などを除けば、新築の応急建設住宅としては事例が少ない。一方、各住戸が外壁を共有しながら一方向に連続する、いわゆるテラスハウス形式の住棟である長屋タイプは、各住戸の玄関（＋風除室）、テラス、庭などが同一方向に展開するので、屋外空間がコミュニティの場となりやすく、仮

❶—自力建設による仮設住宅の例
阪神淡路大震災直後に建てられた
組立式の紙のログハウス

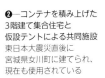

❷—コンテナを積み上げた
3階建て集合住宅と
仮設テントによる共同施設
東日本大震災直後に
宮城県女川町に建てられ、
現在も使用されている

設住宅の多くがこのタイプである。その場合、共有壁をもつため住戸間の遮音性に考慮が必要である。また、近年では2階建て以上で共用廊下をもった、いわゆるアパート形式の重層タイプなども見られる（❷）。

各住戸のプラン

応急仮設住宅の標準住戸プランとして、玄関ホールを兼ねたダイニングキッチン、浴室、トイレ、洗濯パン、および2つの個室（4畳半の和室の続き間を想定）をもつ、3間×3間＝9坪（29.8m²）の正方形プランの2DKタイ

プがある（❸）。玄関先に風除室を付設したり、小屋裏を利用したロフトが加わる場合もある。またこれ以外に、さまざまな家族構成に対応するために、6坪程度の1DKタイプや6坪程度の3DKタイプなど、住戸面積や住戸プランにバリエーションをつけることも重要である。

住宅の仕様、工法

応急建設住宅の仕様基準、すなわちプレハブ建築協会などへの発注仕様は、災害発生の地域や規模などにより異なる。例えば、寒冷

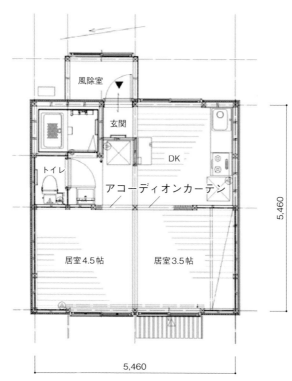

❸—長屋式仮設住宅の標準的な平面形式である田の字形プラン

❹—仮設住宅建設のさまざまな工法
左上:鉄骨式(組立て式)　右上:鉄骨造(ユニットタイプ)
左下:木造(軸組工法)　右下:木造(ユニットパネル化)

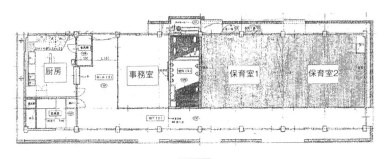

| 厨房 | 事務室 | 保育室1 | 保育室2 |

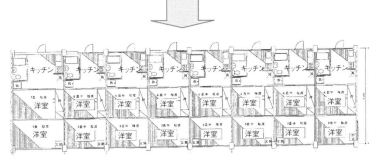

❺—既存のRC平屋の旧保育所を応急仮設住宅に改修・転用した例(鹿児島県与論町)

地に仮設住宅を建設する場合、耐積雪補強や十分な断熱性（断熱材、風除室、二重サッシなど）が必要である。

また、一度に多くの住宅を、迅速かつ低コストで建設するためには、廉価な建設資材の調達と運搬、建築部材の組立方法の合理化、施工手順の簡素化など、建設全体にわたりさまざまな工夫が必要とされる。こうしたニーズに対して、住宅生産におけるプレファブリケーション、すなわち住宅の工場製品化は、建築部材の規格量産化によるコスト削減、現場建設の工期削減、良質な施工性能等において、大きな効果をもたらすもので、鉄骨組立工法、鉄骨ユニット工法、木造ユニットパネル工法などがある。

一方、そうしたプレファブ化に対して、被災地近郊の地元工務店などによる在来軸組工法による木造の仮設住宅は、工期短縮や量産化では劣るものの、資材調達や建設にかかわる地域ネットワークなどにすぐれ、応急仮設住宅の建設において柔軟な対応が可能である（❹）。

応急借上げ住宅

応急借上げ住宅（みなし仮設）とは、大規模な災害が発生した際、地方自治体が民間賃貸住宅や公営住宅、空き家などを借り上げて、被災者に提供する住宅で、応急仮設住宅の一種とされている。各自治体が毎月の賃料、共益費、管理費、火災保険料などを上限金額の中で負担する。東日本大震災では、みなし仮設戸数（6万8千）が建設仮設戸数（5万3千）を上回った。

リノベーション、コンバージョン

住宅以外の別の目的で建てられた既存の建物を、応急仮設住宅に改修・転用した事例として、小学校の敷地内にある情報センター倉庫として使用していた既存の旧保育所（築42年）を応急仮設住宅（8戸）に転用した例などがある（❺）。また、利用を終えた仮設住宅そのものに改修・補強を施して、公営の住宅として再活用した事例や、仮設住宅を現地でいったん解体して船積みし、海外の被災者や貧困層向けの住宅として無償で提供した事例もある。

（岩岡）

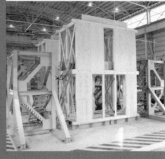

IV これから起こる災害にそなえる

先の各章で見てきたように、
日本はたびたび大災害に見舞われ、
われわれは、そのつど復興すると同時に
教訓も蓄積してきた。
来る災害によってもたらされる被害を
すべて防ぐことは難しいが、
これらの教訓を活かし、
日々のそなえによって被害を最小に食い止める
「減災」という考え方は重要である。
そして効果的な減災のためには、
一人一人の市民レベルから国土全体まで、
さまざまな土地スケールにおける
日ごろの準備や訓練、
そなえというものが必要になる。
ここでは、来る災害に対する最新のそなえを
取り上げるとともに、今後われわれは、
自助、共助、公助それぞれのレベルで
どのようなそなえを
計画していくべきか概観する。

1 耐震改修

Keywords▶ 兵庫県南部地震、耐震診断、耐震指標、耐震改修の方法、免震化

〈地震から構造物をどう守るか？〉

なぜ耐震改修か

1995年兵庫県南部地震による建物被害は甚大で、地震の恐ろしさ、地震が社会に及ぼす影響の大きさを再認識させた。この地震で、現行耐震設計基準が施行された1981年以前の建物（旧耐震建物）に多くの被害が生じ、旧耐震建物の耐震化を目的とした耐震改修促進法が1995年12月に施行された。耐震診断が実施され、算出された耐震指標Is（式(1)）にもとづき補強が必要と判断された建物には耐震改修が施される。耐震改修は学校建物を中心に進められてきたが、耐震改修促進法が2013年11月に改正され、病院、店舗、旅館等の不特定多数の人々が利用する建物は、耐震診断を行い報告することが義務づけられた。

耐震診断の方法

建物の耐震性能は、強度と変形能力により確保される。強度により耐震性を確保した建物を強度型建物、変形能力により耐震性を確保した建物を靭性型建物と呼ぶ（靭性とは粘り強さをいう。外力によって変形するものの破壊されにくい建物）（❶）。耐震診断では強度を強度指標Cで、変形能力を靭性指標Fで表現し、両者の掛け算である式(1)で耐震指標Isが計算される。

$$Is = C \times F \times SD \times T \quad (1)$$

式中のSD（形状指標）は建物の平面的・立面的な形状による低減係数であり、T（経年指標）

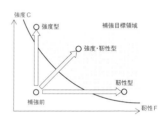

❶—建物の耐震性
強度あるいは変形能力（靭性）によって与えられる

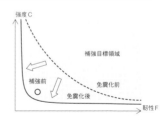

❷—耐震改修の方法
強度型・靭性型、そして両者の中間の強度・靭性型

❸—免震化による補強目標の達成
建物の使い勝手を変えずに補強できる利点がある

は経年劣化による耐震性能の低下を評価する係数である。Is＝0.6が現行耐震基準で要求されている耐震レベルであり、これを下回る場合には耐震改修が行われる。

耐震改修の考え方

耐震改修は基本的に❷に示す3つの方法で行われる。すなわち、強度指標Cを上昇させ

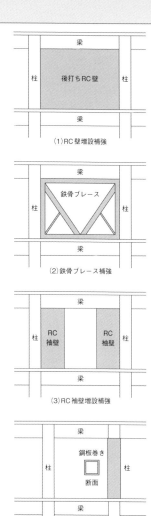

（1）RC壁増設補強

（2）鉄骨ブレース補強

（3）RC袖壁増設補強

（4）柱鋼板巻き補強

❹―さまざまな耐震改修の方法
建物に適したものが採用される

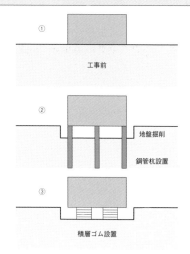

❺―免震化の手順
既存建物の下面に積層ゴムを慎重に設置する

る病院では、強度型補強が施されるのが一般的である。また、とくに重要な建物は免震化による耐震改修も行われる。この方法は建物に入力される地震力を低減し、補強目標領域を拡大させ現時点の建物のままで耐震性が確保されるようにしたものである（❸）。

耐震改修の具体的な方法

　一般的な、鉄筋コンクリート構造物の強度型補強の方法として、鉄筋コンクリート壁増設補強（❹(1)）・鉄骨ブレース補強（同図(2)）・鉄筋コンクリート袖壁増設補強（同図(3)）などがある。靭性型の補強としては、柱鋼板巻き補強（同図(4)）などがある。また、免震化では、いったん、建物と地盤を切り離しその間に免震装置（積層ゴム）を設置する（❺）。まず、建物の下の地盤を少しずつ掘りながら建物を仮受けする鋼管杭を設置する（①→②）。つぎに積層ゴムを設置し、この積層ゴムに建物の重量を支持させたうえで仮受けの鋼管杭を撤去する（②→③）。　　　　　（衣笠）

る強度型補強、靭性指標Fを大きくする靭性型補強、そして、この2つの中間的な強度・靭性型補強である。

　靭性型の補強では安全性は確保されるものの地震後の損傷は抑えられないことから、地震直後に避難施設として使用される学校の校舎や体育館、また、負傷した人々を手当てす

Keywords▶ 制振構造、免震構造、ダンパ、
エネルギー吸収

木造建物のさらなる耐震化

Ⅰ章14に述べたように、木造建物の耐震設計法は過去の地震被害を教訓としてたびたび改良されてきており、それに伴って地震被害が減少しているのは事実である。一方で、2016年熊本地震のように震度7の地震動が短期間に連続して発生するなど、これまで想定されなかったことが起こるのが自然の恐ろしさである。ここでは、木造建物のさらなる耐震化をめざして研究・開発が進んでいる最新技術の一端を紹介する。

制振（震）構造の適用

次項3で説明しているダンパと呼ばれるエネルギー吸収部材を建物に設置することで、地震によって建物に入力されるエネルギーを効率よく吸収することができるようになる。木造建物用のダンパとして、オイルダンパや粘弾性ダンパ、摩擦ダンパ、鋼材ダンパなどが開発され実用化されている。

❶は、建物へのダンパの設置方法の例である。木造建物は、鉄骨造や鉄筋コンクリート造の建物と比較して仕口（柱と梁の接合部）が変形しやすいため、ダンパを仕口に方杖型に設置することも有効である。

制振構造の最大の特長は、ダンパ自体は繰返しの変形に対してもほとんど損傷しないという点である。例えば、オイルダンパを設置した軸組の頂部に正弦波の水平変形を2回与

えた場合、1回目と2回目の荷重変形関係はほとんど同じとなる（❷上）。荷重変形関係の囲む面積（グレー部分）は吸収したエネルギーであるため、1回目と2回目で吸収したエネルギーが同じともいえる。一方、筋かいや構造用合板を用いた耐力壁では、1回目と2回目で荷重変形関係の形状が大きく異なり、吸収エネルギーに着目すると、2回目は1回目より大きく減少する（❷下）。つまり、木造のように繰返し変形により性能が劣化する構造に対しては、制振構造を適用することで高い耐震性能を維持することができる。

免震構造の適用

また、次項3で紹介している免震構造を適用することも、木造建物の耐震性能向上に有効である。建物を長周期化することで地震力を小さくする構造であり、制振構造と比べると高コストではあるが、耐震性能は極めて高い。

免震部材には、鉄骨造や鉄筋コンクリート造の建物では一般に積層ゴムが用いられるが、重量の軽い木造建物では、建物を長周期化しやすいように滑り支承やスライダなどを用いる工夫がされている（❸）。また、低コストで免震に準ずる効果を発揮する構造として、マットスラブの上に滑り材を敷き、その上にべた基礎を施工して建物を建てる「滑り基礎構造」も提案されている（❹）。

（宮津）

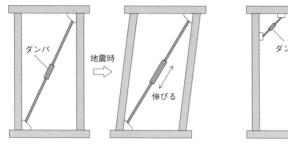
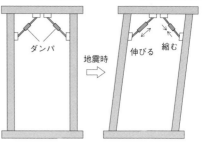

筋かい型の設置　　　　　　　　　　　　　　　方杖型の設置

❶─建物へのダンパの設置方法の例
上図左のような筋かい型や、右のような方杖型などがある。地震によって建物が変形したとき、
設置したダンパにも変形が生じ、地震によって建物に入力されるエネルギーの一部をダンパが吸収する

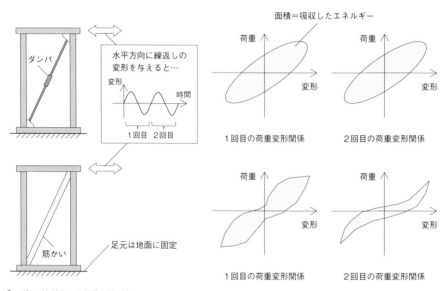

❷─ダンパと筋かいの荷重変形比較
ダンパを設置した軸組（上）と筋かいを設置した軸組（下）の頂部に、2往復の水平変形を与えたときの荷重変形関係。
筋かいの場合は2往復目の吸収エネルギーが1往復目より少ないが、
ダンパの場合は1往復目と2往復目で同程度のエネルギーを吸収できる

❸─木造建物の免震構造
鉄筋コンクリート造や鉄骨造と比べて木造は軽量なため、
滑り支承やスライダを併用することがある

❹─滑り基礎構造
大地震時にはマットスラブ上に敷いた「滑り材」と
建物基礎との間で滑りが生じ、建物の揺れが軽減される

3 免震・制振による耐震効果

Keywords▶ 免震層、積層ゴム、ダンパ、
エネルギー吸収、居住性

構造物と耐震構造

構造物は地震時などの外的要因に対し、人命を保護する役割があり、崩壊しないように十分な耐力と粘り強さを兼ねそなえる必要がある。そのため、国内では従来から柱・梁のフレームや耐震壁・筋かいなどによりこの機能をそなえた「耐震構造」を採用してきた。

構造物が大地震を受けるときには、柱・梁等が塑性化し、コンクリートのひび割れや鉄筋・鋼材等の塑性化が発生する。耐震構造では、建物に入力したエネルギーを塑性化により吸収し、倒壊・崩壊を免れる。国内で最初の超高層建物である霞が関ビルも耐震構造となっている。

免震構造とは

地震動によるエネルギー自体を遮断することができれば、構造物に作用する荷重を小さくすることが可能となる。「免震構造」は、これを実現したものである。建物の基礎等を免震層とし、地震時には柔らかくなる積層ゴム等(❶)を設置して建物を支持する。これにより、建物の揺れの周期が長くなり加速度が低減し、建物に作用する地震力が小さくなる。さらに、地震動による入力エネルギーのほとんどが、大きく変形する積層ゴムに蓄えられる。これを吸収するために、ダンパと呼ばれる装置(❷)を併せて設置することで、積層ゴムが過大に変形することを抑制する。

制振構造とは

免震構造とは異なるアプローチで大地震に対抗するのが、「制振構造」である。耐震構造が架構の塑性化により建物に入力したエネルギーを吸収するのに対し、制振構造は架構内に取り付けたダンパでエネルギー吸収を行い、応答変位の低減と架構の損傷低減を図るものである。そのため、元の架構は損傷を逃れることができる。❸、❹は壁に取り付けたダンパの一例であり、制振ダンパと呼ばれる。材料の弾塑性挙動や油のような粘性力により、揺れのエネルギーを吸収する。

免震・制振による耐震効果の向上

免震・制振による耐震効果向上のイメージを❺に示す。免震建物では、地震時に基礎の変形は大きくなるものの、建物の層間に発生する変形は大きく低減する。さらに加速度自体も小さくなるため、地震時の居住性や生活継続性が向上する。制振建物では、制振ダンパにより建物の減衰性能が向上し、地震時の揺れが低減する。近年では、超高層オフィスやタワーマンションなどでも、免震構造や制振構造の適用事例が増えている。一方で、制振構造の場合、大地震時に架構が塑性化することにより、制振効率が低下する点に注意する。また、軟弱地盤での長周期長時間地震動、断層近傍の長周期パルス性地震動にも注意する必要がある。

(北村)

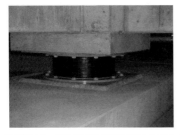

❶—免震構造として建物の基礎に取り付けられた積層ゴム

❷—免震構造で積層ゴムと併用して用いられる鋼材ダンパ

❸—制振構造で架構内に取り付けられるダンパ
（座屈拘束制振ブレース）

❹—制振構造で架構内に取り付けられる制振ダンパ
（粘性体制振壁）

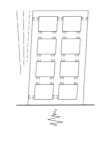

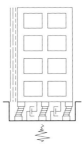

耐震構造　　　　免震構造　　　　制振構造

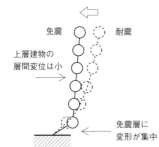

免震　　　　耐震　　　　　　　　制振　　　　耐震

上層建物の
層間変位は小

全体的に
応答が低減

免震層に
変形が集中

❺—免震・制振構造による耐震効果のイメージ
免震構造では免震層に積層ゴムやダンパを、制振構造では各層にダンパを設置することで揺れを低減する

4 地盤の液状化対策

Keywords▶ 地下水位、密度、薬液注入、
セメント固化、排水促進、せん断変形抑制

　地盤の液状化が社会基盤施設や土構造物に
及ぼす影響は、沈下・浮上や流動など多種多
様である。また、地盤上の既設構造物の有無
などの影響も受けることから、さまざまな液
状化対策法が必要とされている。これらは、
液状化が、どのような地盤において発生しや
すいのか、どのようなメカニズムで発生する
のか、という2つの視点で見ると、わかりや
すく理解できる。

　すでに前章で見てきたように、液状化は、
地下水位が浅く、ゆるく堆積した砂地盤で発
生する。つまり、液状化を防ぐには、地下水
位を下げたり、地盤を締め固めて密詰めにし
たり、セメント・薬液などにより地盤を固化し
たりすることが有効となる（I章22、II章9参照）。

地下水位を下げる

　地下水位低下工法は、地下水の自然流下や
ポンプなどによる強制排水により地下水位を
下げる。既設の戸建て住宅が点在する地区全
体に適用できる利点があるが、ポンプの常時
起動などランニングコストが生じる。

地盤を締め固める

　密度増大工法は、液状化が懸念される地盤
の所定の深さまでケーシングパイプを建て込
み、その中に外部から砂を投入し、ケーシン
グパイプを徐々に引き抜きながら、振動ある
いは静的に投入した砂を締め固めることによ
り、径70cmほどの砂杭柱状体を形成する

（❶）。これを面状に配置し、砂杭の周辺地盤
の密度を増大させることにより、液状化しに
くい地盤にする。埋立て地のような既設構造
物のない更地において、よく利用される。

地盤を固める

　薬液注入工法は、地盤内に貫入した注入管
から、水ガラス系の薬液を地盤内に浸透させ
て、間隙水を薬液に置き換えることにより、
地盤内にゼリー状固化体を形成する（❷）。と
くに、既設構造物に有効に利用される。

　セメント固化工法は、土を撹拌しながらセ
メントミルクと混合することにより、地盤内
にセメント固化体を形成する。近年、微粒子
セメントの浸透による固化体形成も可能と
なってきている（❸）。

液状化プロセスを阻止する

　地震動による急速な繰返しせん断の作用に
より、飽和した砂地盤は、体積一定の非排水
条件下でせん断変形を受けることにより、過
剰間隙水圧の発生と有効応力の減少が生じ、
液状化に至る。つまり、液状化を防ぐには、
この一連の液状化のプロセスに介入し、液状
化を阻止することが有効となる。

　排水促進工法は、透水性の良い礫の柱状体
（グラベルドレーン）やプラスチック人工材（人
工材ドレーン）を、砂地盤内に建て込み、地震
により砂地盤内に発生する過剰間隙水圧を速
やかに消散することにより、液状化の発生を

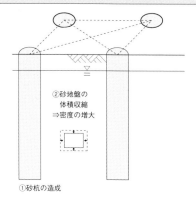

②砂地盤の
体積収縮
⇒密度の増大

①砂杭の造成

❶─地盤の密実化

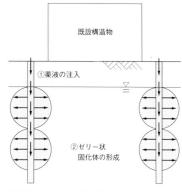

既設構造物

①薬液の注入

②ゼリー状
固化体の形成

❷─薬液を注入しゼリー状に固化

❸─地表面から、砂地盤内の深部に、
微粒子セメントを注入し固化する

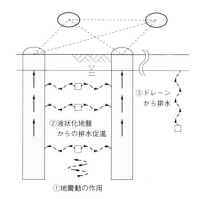

③ドレーン
から排水

②液状化地盤
からの排水促進

①地震動の作用

❹─排水による液状化の阻止

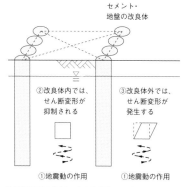

セメント・
地盤の改良体

②改良体内では、
せん断変形が
抑制される

③改良体外では、
せん断変形が
発生する

①地震動の作用　①地震動の作用

❺─せん断変形の抑制による液状化の阻止

阻止する（❹）。

　せん断変形抑制工法は、格子状改良壁を築き、地震により砂地盤内に発生するせん断変形を抑えることにより、液状化の発生を阻止する（❺）。

さらなる技術開発が必要である

　液状化対策技術の開発は、社会基盤施設などの大型土木構造物を対象に、進められてきた。しかし、2011年東日本大震災により、東京湾沿岸の埋立て地を含む広域で発生した液状化により、数多くの戸建て住宅が沈下・傾斜をし、多大な被害を受け、社会問題となった。これを受けて、小規模構造物への液状化対策の技術開発が進められているが、今なお継続中の現状にある。

（塚本）

Keywords▶ 構造ヘルスモニタリング、センサ、無線センサネットワーク

構造ヘルスモニタリングとは

構造物の健全性を把握するために、構造ヘルスモニタリングが行われている。構造ヘルスモニタリングとは、ひずみゲージや加速度計などの物理センサを構造物に取り付け、その応答を継続的に計測することで、構造物の異常を検知し、健全性を把握しようとする試みである。日常的な維持管理の効率化を目的として実施するほかに、地震などの災害時に異常を検知するためにも使用される。

構造ヘルスモニタリングの研究は以前から行われており、Doebling et al.(1998)がまとめた論文のサマリーによると、1970年代には振動計測にもとづく健全性評価の試みが発表されている。構造物にセンサを付けておけば、後はシステムが勝手に健全性を把握してくれるというアイデアは魅力的であり、これまでに多くの研究者が挑戦している。そして、いまだに多くの研究者が挑戦していることを考えると、多くの構造物に万能な方法は存在しないか、そもそも解けない問題である可能性もある。

構造ヘルスモニタリングに関する理解を複雑にしている要因の1つは、それぞれの当事者が求める水準が異なることである。Carden(2004)では、難易度に応じてつぎの4段階に分類する案が紹介されている。

Level 1:損傷があることを検知する。

Level 2:損傷の位置を特定する。

Level 3:損傷の程度を定量化する。

Level 4:構造物の耐力を予測する。

対象構造物や、それを構成する部材によって、実現できているものもあれば、まったくできていないものもある。例えば、橋梁についていえば、ある特定の橋梁にセンサを高密度に配置すれば、損傷の位置や程度をある精度内で同定できる可能性がある、という主旨の報告を見ることもあるが、その場合のセンサの高密度配置が経済的に実現可能かどうかは疑わしい。このように、構造ヘルスモニタリングは、技術的な難しさのほかに、経済的な難しさも存在する。

IoT技術の活用

上述の例に見られるように、この分野ではしばしばセンサの高密度配置の必要性が指摘されている。そのため、近年、IoT(Internet of Things)技術の活用が注目されている。その技術の基礎となっているものが、2000年代にさかんに研究が進められた無線センサネットワークである。無線センサネットワークは、無線通信機能、物理センサ、演算機能、電源をもった極めて省電力な無線センサの集合であり、自立自律的にネットワークを形成し、相互に通信しながら情報を伝達する。すでにZigBee規格の無線センサネットワークも市販されており、さらなる研究開発が進められている。この無線センサネットワークは、低コストで多数のセンサを配置で

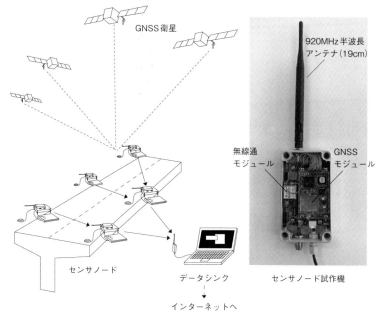

❶—GNSS無線センサネットワークの概略図とセンサの試作機
各センサノードは省電力無線、演算装置、GNSS受信機、バッテリー、太陽電池パネルをもち、
間欠動作によりGNSSデータを取得する。取得されたデータは、無線でデータシンクに集約され、
クラウドサーバに転送される。サーバにおいて変位を解析することで、構造物の異常を検知する仕組みとなっている

きることから、社会インフラ分野においても注目されている。ただし、実際の社会インフラに適用するためには、なにをどのように計測すれば、なにがどの程度わかるかを明確にする必要があり、情報分野と建設分野の両方の知識の融合が重要となる。

センサネットワークは、地震時の異常検知にも用いられている。おもに2次災害を減らすことを目的として、地震時に被災状況を迅速に把握しようという試みがあり、リアルタイム地震工学とも呼ばれている。

例えば東京ガスでは、SIセンサと呼ばれる地震計を高密度に配置（約1kmメッシュ）し、地震直後にSI値が閾値を超えるとガスを止めるようにしている。SI値は、地盤の加速度応答から計算される値であり、地震動指標の中でも被害と相関が高いことが知られている。

また、最近ではIoT技術を活用して、さらに高密度な地震センサネットワークを構築するための研究開発も進められている。地震直後にそれぞれの構造物が損傷したかどうかが検知できれば、街規模の被災状況をより明確に把握することができる。

そのほかにも、GNSS (Global Navigation Satellite System) 技術を用いて1cm程度の精度で変位を計測するためのシステム開発もなされている（❶）。高密度に変位が計測できれば、構造物の変形も把握することができるため、被害把握に役立つものと期待される。

（佐伯）

6 地震後の建物健全性

Keywords ▶ 強震計、健全性評価、固有周期、表示システム

大地震発生後の建物の健全性評価

大地震発生後、建物に損傷が発生していないか、建物をそのまま使用可能かどうかの情報は重要となる。企業にとっては事業を継続できるか、いつまでに復旧できるか（事業継続計画、Business Continuity Plan、BCP）、居住者にとってはそのまま住み続けることができるか、元の生活に戻ることができるか（生活継続計画、Life Continuity Plan、LCP）を、把握できることが望ましい。

この目的のために、建物内での強い揺れを計測可能な強震計（地震計）（❶）を設置し、建物の健全性を評価するシステムが導入されてきている。これは建築分野での構造ヘルスモニタリングであり、文字どおり「建物の健康診断」としての役割を果たす。

強震計と建物の損傷推定

強震計は建物の揺れのうちおもに加速度を計測する。加速度センサのほか、AD変換機、データを記録する収録装置やメモリ、通信用デバイス等から構成される。近年ではスマートフォンにも組み込まれるような廉価版の加速度計も利用されつつある。

強震計で得られるデータは、強震記録と呼ばれる。複数階で得られた強震記録を利用することにより、構造物の基本特性である固有周期、減衰定数が地震時にどのように変化するかを把握することができる。

建物の診断を実施するためには、建物の最下階と最上階の強震記録が最低限必要となる（❷）。2011年東北地方太平洋沖地震時に超高層RC造建物で観測された強震記録から得

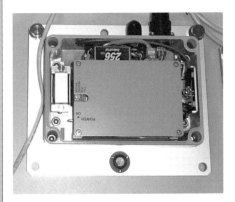

❶—強震計の一例
蓋を取った内部の状態。1台の大きさは20〜30cm角程度である。これを建物内の柱近くに固定する

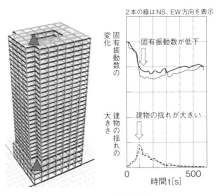

2本の線はNS、EW方向を表示

固有振動数が低下

建物の揺れが大きい

時間t[s]

❷—超高層集合住宅に設置された強震計と構造ヘルスモニタリングの一例
建物の揺れが大きくなるにつれ、固有振動数が低下する（固有周期が伸びる）傾向があること、地震が終了しても固有振動数が低下したままであることがわかる

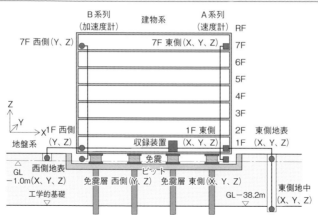

```
                    B系列          建物系      A系列
                  (加速度計)                 (速度計)      RF
     7F 西側(Y、Z)                  7F 東側(X、Y、Z)        7F
                                                        6F
                                                        5F
                                                        4F
      Z                                                 3F
      │  Y                                          東側地表  2F
      └─→ X 1F 西側                   1F 東側          2F 東側地表
   地盤系    (Y、Z)      収録装置     (X、Y、Z)        1F  (X、Y、Z)
                                                          1F  (X、Y、Z)
            西側地表              免震
   △                            ピット
   GL                                              東側地中
   ─1.0m(X、Y、Z)  免震層 西側(Y、Z)  免震層 東側(X、Y、Z)        (X、Y、Z)
       工学的基礎                              GL─38.2m
                                                 ▽
```

❸─建物内の強震計配置の一例
建物内に1か所だけではなく複数か所配置され、周辺地盤に設置されるケースもある

られた固有振動数（固有周期の逆数）の変化を同図に示す[1]。建物の揺れが大きくなるにつれ、固有振動数が低下する（固有周期が伸びる）傾向があること、地震が終了しても固有振動数が低下したままであることがわかる。

　より詳細な建物の応答特性を調べるために、建物内に強震計を3か所以上で設置したり、周辺地盤の揺れを計測する場合もある（❸）。多数の階に設置することにより、どの階で地震の損傷を大きく受けたかを把握することも可能となる。

揺れの表示システム

　近年では、地震後の建物の健全性を調べるほか、これらの情報を建物内の利用者に伝達するシステムも導入されている（❹）。ここでは、地震発生時には建物の1階ロビーに設置されている大型ディスプレーに揺れの情報や、地震終了後の建物の安全性が表示される。また別途、強震記録の情報やより詳細な応答特性を表示することができる。

　2011年東北地方太平洋沖地震時には、首

❹─大地震発生時の建物内における表示システムの一例
（東京理科大学野田キャンパス）
建物の健全性を即時に判定し、利用者の安心・安全を確保する

都圏でも大きな地震の揺れが観測され、超高層建物も大きく揺れることになった。このため、建物内の人が建物外に避難するケースが多かった。一方、構造ヘルスモニタリングによる表示システムにより、建物内部の安全性を確認できたケースがあった。この後、建物内の利用者に伝達することにより、建物外に避難するなどの混乱はほとんど見られなかった。このような伝達システムを利用することにより、建物利用者の安心・安全を確保することができる。　　　　　　　　　　（永野）

Keywords▶ 建物の機能低下、修復費用、回復時間、建物の経済死、耐損傷性能

近年の地震被害の教訓

1995年兵庫県南部地震では、想定をはるかに超える強烈な地震動によって多数の建築物が倒壊した。多くの人命が失われただけでなく、構造部材・非構造部材・設備機器等に大きな損傷が生じ、住まいとしての機能が失われ避難所など自宅外での長期の生活を強いられる例が多く見られた。2011年東北地方太平洋沖地震や、2016年熊本地震でも同様のことが報告され、とくに熊本地震では建築物の機能不全が人命にかかわる重大事項であることが明らかとなった。

建築基準法ではごくまれに発生する大地震に対して安全性能を確保することが要求されているが、耐損傷性能（損傷の発生を抑制し地震による機能阻害を抑える性能）の確保については要求されていない。安全性能のみを追求する設計では耐損傷性能は確保されず、場合によっては、耐損傷性能を犠牲にすることによって必要な安全性能を確保することも起こり得る。大地震に対して、これまで行われてきた安全性能を目標とした設計に加えて、耐損傷性能を目標とした設計法の導入が求められている。

地震による建物の機能低下と回復

❶は地震発生時点からの建物の機能の推移を模式的に示したものである。建物に生じた損傷によって地震直後（$T=0$）に機能低下（F）

が起こり、その後建物の修復によって機能は回復し、時間T_Rで人の生活・経済活動は地震前の元のレベルに回復することを示している。また、回復の際には、例えば、同図中に示す修復に必要な費用（修復費用C）が回復負荷として発生する。

耐損傷性能とは、損傷を抑制し機能低下量（F）をできるだけ小さく抑え、かつ、機能回復が容易に行え、回復時間（T_R）を短くできる性能である。

耐損傷性能を目標とした耐震設計

耐震設計を行ううえで、許容できる機能低下量・回復時間を適切に設定する必要がある。許容値は建物の用途や重要性によって異なってくる。都市には多くの収益用不動産が存在する。収益用不動産とは、貸しビル等の、都市の経済活動の場の提供を目的として存在する建築物群である。

収益用不動産の存在価値は、収益性（投資と収益のバランス）によって決まっており、❷の左図に示すように「投資＜収益」の関係が成り立てば、この建物は利益を生む、すなわち、経済的に存在価値のある建物と判断されることになる。一方、供用期間中に地震が発生し機能低下による収益の減少と、修復費用発生による投資の増加が起こり、もしこの結果「投資＞収益」となれば、この建物の経済的価値は消失することになる（同図の右）。

地震時の大きな機能低下や長い回復時間

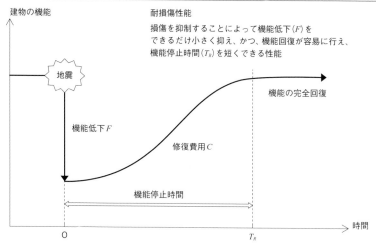

損傷を抑制することによって機能低下(F)を
できるだけ小さく抑え、かつ、機能回復が容易に行え、
機能停止時間(T_R)を短くできる性能

建物の機能

耐損傷性能

地震

機能の完全回復

機能低下 F

修復費用 C

機能停止時間

時間

T_R

❶—地震によって引き起こされる建物の機能低下と回復
地震時に発生する機能低下と機能停止時間の評価方法、および、これを許容値以下とする耐震設計法が求められる

（1）建物は経済的に生きている

収益 > 投資

（2）経済的な「死」の可能性

収益 < 投資

地震

❷—地震が引き起こす建物の経済死
地震時の機能低下が大きく、また、それが長く続く場合には、
回復に必要な修復費用を投入（投資）することが困難となる可能性がある

は、投資と収益の大小関係を逆転させ収益用不動産の経営破綻を引き起こす可能性がある。設定賃料や割引率などの不動産データさえあれば経営破綻を引き起こす限界機能低下量・回復時間を推定することは可能である。

　都市機能を守る耐震設計の1つの方法として、建物経営の観点から許容できる機能低下量や回復時間を明らかにし、建物の経済的な死である「建物経営破綻」に対する安全性確保を目的に、適切な強度・剛性を与える（適切な耐損傷性能を与える）ことが考えられる。

（衣笠）

8 建築材料の長寿命化

Keywords▶ 耐久性、劣化、維持保全

はじめに

建築材料に限らず、モノが長もちするとはどういうことであろうか？

建築分野では、長もちする性能をさして耐久性または耐久性能と呼んでいる。もう少し厳密には、耐久性とは、一般に、材料を劣化・変化させる継続的な環境作用に対して、当初想定した性能や機能を保持し続けることができる性能をいう。ここで注意すべきは、保持すべき性能や機能は単一ではない点にある。例えば、携帯電話であれば、内部のプロセッサやメモリなどがきちんと作動して電話としての機能を維持するだけでなく、充電池の持続時間であったり、ガラス面や外観の美しさであったり、複数の性能・機能を維持することが求められる。

防災という観点からは、わが国では地震に対する構造性能が興味の対象となることが多いが、実際には、耐風性、防耐火性、耐水性など多岐にわたる性能が同時に要求される。個別の材料に対しては、強度などの力学性能だけでなく、ゆがみやひび割れにかかわる変形性、漏水などに関係する防水性、もちろん経済性や環境性など、その要求は多岐にわたる。すなわち、建築材料が長もちする、あるいは建築材料が耐久性を有するということは、このような性能が「同時に」長期にわたり損なわれないことを意味する。

実際に建築材料の耐久性にかかわる事象と

しては、外装材料の汚れや変退色といった美観低下になどに始まり、防水材やシーリング材の劣化による漏水など比較的ポピュラーな劣化だけでなく、外壁が剥離して器物や人に被害を与える場合や、場合によっては構造性能の低下につながる場合も想定される。このように、建築材料は種類も膨大なうえ、劣化現象も多岐にわたる。そうした中で建築材料を長もちさせるには、環境作用（❶）を的確に把握し、環境作用により生じる建築材料の劣化現象を正しく理解することが必要である。そのすべてをここで深く解説することは難しいが、いくつかの例を挙げて解説する。

構造体の耐久性

現在わが国で主要に用いられている構造は、木造、鉄骨造、鉄筋コンクリート造に加え、鉄骨鉄筋コンクリート造などのこれら構造を組み合わせた構造などである。構造体の主たる目的は地震や風などの荷重に耐えることで、耐震性や耐風性などの性能を担保する重要な建築要素であることはいうまでもない。

現存する世界でもっとも古い構造物は、組積造（石造）では遺跡の類を除くとパンテオン（2世紀ごろ、❷左）、木造では法隆寺金堂および五重塔（7世紀ごろ、❷中央）とされ、いずれも千年を超えて利用され続けている。このような長期にわたる利用には維持保全、補修・改修が必須である。とくに木材は水分に弱く、建物の基部や屋根の軒先など水分が滞留

しやすい部位の対策は必須であり、木造建築の多くは劣化した部位を補修・交換することで長もちさせている（❸）。法隆寺の場合も複数回の大規模な修理があったことが知られており、昭和の大改修では、すべての木材を解体し、劣化した部材を補修・交換して再度組み直す対応が取られた。著名な五重塔の心柱は、基部付近の腐食部位が取り除かれ、根継ぎという手法で一部新材に交換されている。なお一般的に、文化財においては同種・同材・同工法を原則として保存がなされている。

　一方、鉄筋コンクリートは、19世紀にその原形が発明され、日本では明治の終わりごろから本格的に導入された比較的新しい構造材料で、圧縮に強く引張に弱いコンクリートを鋼材で補った複合材料である。その最大の懸念は、コンクリート中に埋設された鉄筋が錆びることで、鉄筋とコンクリートの一体性が損なわれて構造性能が低下するだけでなく、腐食初期においては、腐食生成物の膨脹圧により表面のコンクリートがひび割れ、さらには落下して器物や人に危害を加える可能性まであることである。内部鉄筋の腐食は、水分と酸素の供給、雰囲気中のアルカリ性の消失（健全なコンクリートは組織中の水酸化カルシウムの存在によりアルカリ性を示す）などの条件がそろうことによって生じる。とくに、コンクリートのアルカリ性が失われる現象は中性

劣化作用	建築材料に対する影響
熱・温度	昼夜の温冷の繰返しは、代表的な劣化作用の1つで、日射を受ける材料の表面は日中70℃を超えることもあるので注意が必要である。材料の熱膨張特性の差によりひずみ差を繰り返し受けることで劣化が進行する。また、温度が氷点をまたいで繰り返し変動すると、材料中に水分を保持できる多孔質材料（コンクリートや石材、タイルなど）では、内部の水分が凍結と融解を繰り返し、その際に生じる体積変化により、徐々に損傷が蓄積してゆく場合がある（凍結融解作用という）。また、局所的な熱の作用による劣化現象としてはガラスの熱割れなどもよく知られている
水分・湿度	水分は、地下水や降雨など、液状水として作用することで漏水などにより直接的に家財などの資産を損なう原因となる一方で、気中に存在する湿気は、結露の原因となるなどして腐朽や腐食、繁茂、カビなどの原因となる。多孔体の場合、液状水が安定して存在できる空隙のサイズは外気湿度に応じて一意に定まり、気中の湿度と材料中の水分がバランスした状態を気乾状態という。例えば、木材の場合などは、気乾状態よりも高い含水状態で使用すると乾燥収縮によりひび割れたり、変形したりしやすくなる。また、含水率が高い木材は、虫害や腐朽にあいやすくなる。鋼材は、水分と酸素の供給により容易に腐食してしまうため、一般環境においても防食塗料が施される
光・日射	光・日射の建築材料に対する作用は多岐にわたる。例えば、紫外線領域の光の照射はプラスチックなどの高分子材料の加水分解につながるため、塗装など高分子材料で構成される材料は、長期間の日射の作用によりチョーキングしたりひび割れたりして耐久性が損なわれる
海水など	塩化物イオンは、とくに鋼材の腐食につながるため、沿岸に近い環境においては飛来塩分の影響に注意が必要である。近年では、冬季の道路の凍結防止に利用される、融雪・融氷材に含まれる塩化物イオンも問題となっている
その他化合的作用	温泉地帯や火山地帯、硫酸塩などを含む土壌、下水道施設やその他化学プラントなどにおいて、酸やアルカリ、その他腐食性の塩類などが作用する場合、建築材料の耐久性が損なわれる場合がある
振動・疲労	荷重の繰返し作用、例えば、駐車場における車の通行の繰返しや、風などによる変形の繰返し作用は、疲労と呼ばれる劣化現象を生じさせ、経年により建築材料の力学的性能を低下させる。熱変形による繰返し作用も同様に疲労現象の原因となる

❶—建築材料にかかわる一般的な環境作用

IV これから起こる 災害にそなえる

パンテオン(石造)
構成要素である石材は
何世紀にもわたりその性能を
維持することを実証してきた

法隆寺(木造)
世界最古の木造建築は、
大規模修繕を繰り返しながら
長期にわたる供用を実現している

国立西洋美術館(鉄筋コンクリート造)
歴史の浅い鉄筋コンクリート造の
長期耐久性の確保は、
今後ますます重要性が増す

❷—長期にわたり供用された歴史的建築物の例

❸—木造の劣化事例(虫害)と補修(根継ぎ)の例
(左)沖縄県の守礼門の小屋組みで見られた蟻害(白アリ)の1例。
白アリは高含水率の木材を好むことが知られる。
基礎近くなど含水率が高くなりやすい部位では
虫害や腐朽が発生しやすいため、
現在では防蟻剤や防腐剤などの薬剤を添加して利用される。
(右)根継ぎとは、古い木材の傷んだ部分を切断し、
小口を加工して新材を接合する技法であり、構造的にも一体化することができる

❺—外装仕上げの落下事故
長期にわたる環境の作用により、
外装仕上げや、看板や設備などの付設物が
落下する災害は後を絶たない。
これらには劣化現象の理解不足だけではなく、
不適切な設計や施工も一因となり得る

❹—軍艦島の鉄筋コンクリート構造
軍艦島の構造物群は、世界中の研究者の注目を集めている。
写真(左)は島内最古の鉄筋コンクリート造建築物の30号棟。中央に見られるように部分崩壊が加速している。
島内で目にする限界を超えて劣化が進行した構造体(写真(右))の姿は、われわれに多くのことを教えてくれる

化と呼ばれ、大気中のCO_2がコンクリート中に取り込まれ、水酸化カルシウムと反応して炭酸カルシウムになることにより進行する。そのため、中性化は、一般環境でどのような建築物においても生じる劣化現象として認識されている。なお、コンクリートに生じる劣化現象としては、中性化以外にも、塩化物イオンの供給により生じる塩害や、凍結融解作用により生じる凍害などの現象がよく知られている。

日本における鉄筋コンクリート造で現存する最古級の構造物としては、三井物産横浜支店が著名である。木造などに比べて歴史が浅く、竣工後100年を少し超えた程度であるが、十分健全な姿で今も使用されている。鉄筋コンクリート造として世界遺産登録されているル・コルビュジエの国立西洋美術館（❷右）は、1998年に免震レトロフィットを行い耐震性の向上を図った。2000年代には構造体について、中性化およびひび割れ調査を中心とした耐久性調査が実施されたのち、補修・改修が実施された。

歴史の浅い鉄筋コンクリート造であるが、その限界状態に至るプロセスとして、軍艦島（長崎県 端島）の鉄筋コンクリート構造物群が注目されている（❹）。過酷な塩害環境にあって、1974年の炭鉱閉鎖に伴い無人島となって以降、まったくの維持保全が行われなかったため、50年を経た現在においては、ただ崩壊を待つだけの廃墟となっている。最古の鉄筋コンクリート造の集合住宅である30号棟は、鉄筋腐食による構造耐力の低下に伴い、すでに部分崩壊が始まっており、早晩全崩壊に至ることが予測されている。現在の科学的・工学的知見をもってしてもその劣化現象を正確に予測することは難しい。今後これらの分析が、鉄筋コンクリート造の耐久性確保のための新たな知見をもたらすものと期待されている。

非構造体の耐久性

本項では取り上げられなかったが、構造体のほかにも、非構造材料や仕上げ材料など、構造材料以外の建築材料の耐久性も等しく重要である。構造体は健全であっても、仕上げ材料や設備類などが傷んでしまえば建物全体の価値が損なわれるだけでなく、日常的な使用の中でも劣化により人や器物に損害を与える（❺）ことも考えられることから、なにによりも適切に維持保全される必要がある。

（兼松）

Keywords▶ 維持管理計画、PDCAサイクル、
ヒト・モノ・カネ

維持管理計画

土木分野のコンクリート構造物の維持管理では、日常の点検にもとづき構造物の劣化の状態を評価し、必要に応じて対策を実施することを供用期間終了まで繰り返す（❶）。このとき、重要なのは維持管理計画の策定である。これは、構造物の維持管理に先立ち、維持管理の具体的な方法を記したものであるが、想定される劣化、維持管理上で対策を実施する判断基準となる劣化の状態（一般に維持管理限界と称する）、点検の方法や頻度、構造物の性能評価の方法、維持管理の実施体制、不測の事態への対応方針等の情報が含まれる。

例えば、劣化しやすい環境にある重要構造物で点検時の構造物へのアクセスが難しいため、構造物の建設時に各種センサも併せて導入し構造物の状態を遠隔から常時モニタリングする場合や、ほとんど劣化するリスクがないために定期的な外観の観察にもとづいて維持管理する場合など、対象とする構造物に応じて維持管理の戦略は異なる。また、戦略が同じであっても、性能評価の方法、例えば非線形有限要素解析による方法、設計での評価式による方法、外観上のグレードによる方法などによって、点検で取得すべき情報は大きく異なる。

設計と維持管理の違い

維持管理計画の大切さを理解するために

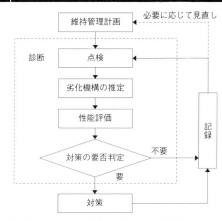

❶—土木コンクリート構造物の維持管理の手順の概要
（コンクリート標準示方書維持管理編を簡略化）

は、現状のコンクリート構造物にかかわるあらゆる情報を理解する必要があるが、紙面の都合上、ここでは、構造物が受ける作用（例えば、自動車荷重、地震、津波、塩分供給量など）が不確実であること、施工に伴う品質変動を把握できないこと、劣化機構が未解明であることに着目する。

本来、このような情報が確定されていないと、構造物の設計はできない。ただし、そもそも設計とはバーチャルな行為であり、要求される性能を満たす構造物を設計すればよい。例えば、施工に伴う品質変動については、変動による最低品質を想定して設計すれば要求は満たすし、劣化機構が未解明であっても、塩化物イオンが侵入しコンクリート中の鋼材が腐食する劣化については、塩化物イオンが侵入し難いコンクリートの採用や、そ

〈都市の構造物をどう守るか？〉

もそも腐食しない補強材を採用すれば回避できる。このような判断を合理的に下すことができることが、優秀なエンジニアには求められることになる。

一方で維持管理はリアルな世界である。日本の場合は、アメリカとは異なり地方公共団体が管理している構造物数が膨大である（❷）。現状、インフラの維持管理の分野では、ヒト・モノ・カネが十分にない。新たに構造物を建設する場合、ヒト・モノ・カネが不足していれば、プロジェクトは進まないが、構造物の維持管理は、すでに構造物が存在していて、維持管理しなければ、構造物の劣化が進み、使用者の安全を担保できないリスクが生じてしまう。つまり、さまざまな制約条件があったとしても、できる範囲内で最善の対処をすることが維持管理では重要となる。悪い意味ではなく、身の丈に合った維持管理が極めて重要であり、住民参加型の維持管理が各地で進んでいることはその好例といえる。

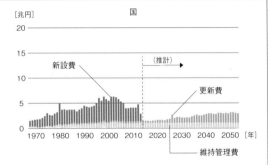

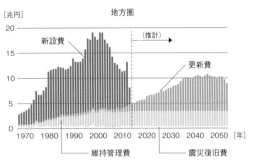

■ 更新費　■ 維持管理費　■ 震災復旧費　■ 新設費
2011年以降の新設は考慮していない

❷—2011年までの年度ごとの投資額とそれ以降の将来推計
2011年以降の新設は考慮していない）[1]

維持管理計画の大切さ

前述した作用や品質変動の不確実性、劣化機構の未解明な状況で、構造物を維持管理するにはどうするべきか。ここで、地震等の巨大な外力作用を除き、経年劣化する事象だけを対象にすると、定期的な点検をしていれば、突然倒壊するような危険性はコンクリート構造物にはほとんどない。また、構造物の安全性には影響のない範囲で、劣化が構造物表面に顕在化する場合も多い。例えば、ひび割れは典型的な変状であるが、定期的な点検によって、対象とするひび割れが進行していなければ大きな問題はない。一方ひび割れが進行していれば、なんらかの劣化が進行していると判断できる。つまり、5、10、20年……と構造物の維持管理をする中で情報を取得し、適切な維持管理方法へと改善していくことができる。一般にP（Plan）D（Do）C（Check）A（Action）サイクルを回すといわれ、その基本となる維持管理計画（Plan）がなければ、このサイクルを回すことができない。維持管理の戦略でもある維持管理計画は、構造物の維持管理において極めて重要な位置づけであることを理解することが必要である。　（加藤）

10 RC構造物の継続使用

Keywords▶ 性能評価、点検強化、性能照査型対策、維持管理計画

性能の評価

劣化している鉄筋コンクリート（RC）構造物の性能の評価は、理想的には、劣化機構を推定し、供用期間終了時点の劣化の進行度を予測し、その結果にもとづいて構造物の保有性能を推定し、要求性能と比較して行うことである。例えば、構造物の初期の保有性能を100%、予定供用期間が100年、想定地震に耐えられる性能が80%であったとき、供用50年で実施した点検の結果にもとづいて50年後の劣化の状態を予測した結果、保有性能90%であればOK、70%であればNGという判断になる。ただし、前項（本章9）で記述したようにさまざまな不確実・未解明なことがあり、RC構造物の性能を評価するこ

とは現実的には極めて難しい。そのため、定期的な点検で得られる情報にもとづき、外観上の状態から性能の評価を実施することが多い。

例えば、塩害を受けるRC構造物の場合、土木の分野では❶に示すように劣化の状態ごとに外観上のグレードを区分している。ここで、グレードIとグレードIIは、どちらも外観上の変状がないため、外観だけでは区別することはできないが、❷からわかるように、この段階で構造物の性能が低下することはない。このような関係を用いることで、点検実施時点の性能の評価は可能であるが、将来の性能を予測することは難しい。

では、将来の予測はなぜ必要となるのだろうか。これは、構造物のライフサイクルコスト（LCC）が最小となる対策方法と実施時期を

グレード	劣化の状態
I	外観上の変状がない（鋼材腐食が進行していない）
II	外観上の変状がない（鋼材腐食が開始）
III-1	腐食ひび割れや浮きが発生、さび汁が見られる
III-2	腐食ひび割れの幅や長さが大きく多数発生、腐食ひび割れの進展に伴うかぶりコンクリートの部分的な剥離・剥落が見られる、鋼材の著しい断面減少は見られない
IV	腐食ひび割れの進展に伴う大規模な剥離・剥落が見られる、鋼材の著しい断面減少が見られる、変位・たわみが大きい

❶─塩害を受けるRC構造物の劣化の状態と外観上のグレードの関係

グレード	耐力・靱性	変形・振動	剥離・剥落	標準的な対策
I	−	−	−	表面処理
II	−	−	−	表面処理、脱塩、電気防食、断面修復
III-1	−	−	ひび割れ、浮き剥離、剥落	断面修復、脱塩、電気防食
III-2	耐力や靱性の低下	剛性の低下		断面修復（力学的な性能の回復を含む）
IV				

❷─塩害を受けるRC構造物の外観上のグレードと性能低下の要因および標準的な対策の関係
注：❶、❷は「コンクリート標準示方書」の維持管理編の情報をベースに著者が作成

〈都市の構造物をどう守るか？〉

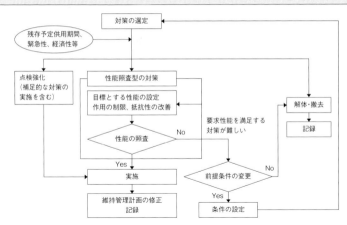

❸—RC構造物の対策を選定するフローの一例

選定するためである。一般的な構造物管理者の場合は多くの数の構造物を管理しているため、予算の平準化（毎年の費用がなるべく一定になるようにする）も考えながら、対策の計画を立てる必要があり、そのためには将来の予測は必要不可欠な情報となるのである。

対策の選定

❷には、外観上のグレードと標準的な対策方法の関係を示しているが、対象としている構造物への対策を、いつ実施するかが重要である。一般論としては、劣化が進行していない状態で対策することでLCCを小さくできるが、ヒト・モノ・カネの制約を考えると実行できない可能性は大きい。そのため、構造物の重要度等を考慮し、構造物ごとに対策を実施するグレード（一般に、これを維持管理限界と設定する）を維持管理計画（本章9）に定めておくことになる。

RC構造物の対策フロー

RC構造物の対策を選定するフローについて、著者の考え方を**❸**に示した。理想的に

は、フローの中央にある性能の評価結果にもとづき、対策で目標とする性能を定め、対策工法を設計し、目標を満足することを照査することであるが、現時点で性能を定量的に評価／照査することは容易ではない。そのため、現状ではフロー左側の補足的な対策（例えばひび割れをふさぐ）で対応することが多いが、本来、対策後の性能を照査すべきであるから、単に対策を施せばよいというわけではない。**❸**に示すように、従来の点検よりも頻度を増やすなどの強化した点検を計画し実行することが最低限必要であるが、実際にはこのような対応を実施していないことが多い。

残念ながら今のわれわれの知識では、RC構造物を適切に使い続けることは難しい。そのため、維持管理計画にもとづくPDCAサイクルを回し、結果を記録し、将来の維持管理に活用することで、なんとか使い続けられるようにすることが重要である。不確実・未解明であっても、可能な範囲で維持管理計画を策定することが極めて重要なのである。

（加藤）

11 ハザードマップのつくり方

Keywords▶ 防災情報、災害リスク評価、確率論的地震動予測地図

〈人々の生活をどう守るか？〉

ハザードマップの役割

ハザードマップは、地震や津波、洪水、土砂災害などの自然災害リスクを地図上に可視化したものであり、主に国や自治体によって整備されている。例えば、国土交通省のハザードマップポータルサイト[1]では、各市町村のさまざまな種類のハザードマップが閲覧可能であり、複数のハザードマップを重ねて表示する機能が提供されている。見た目がわかりやすく、簡単に入手できるため、住民の災害リスク認知の向上や小学校での防災教育などで広く利活用されており、防災情報として重要な役割を担っている。

災害と確率

災害は不確実性を伴う現象であるため、「いつ・どこで・どのような規模の災害が発生するか」を確率論的に記述する必要がある。具体的には、災害がまれに発生する現象であることから希少事象の生起確率を扱う極値統計や「いつ」という時間を明示的に考慮した確率過程にもとづく理論展開がなされている。これら詳細は参考文献[1]が詳しい。

ここでは地震の発生確率を具体的に見てみよう。周期的に発生する地震は、その発生間隔からBPT（Brownian Passage Time）分布を用いて推測することできる。時刻tにおけるBPT分布の確率密度関数（**❶**）は以下のように表される。

$$f(t) = \sqrt{\frac{\mu}{2\pi\alpha^2 t^3}} \, exp\left(-\frac{(t-\mu)^2}{2\alpha^2\mu t}\right)$$

ここで、平均μとαはバラツキの度合いを表すパラメータである。いま現在、前回の発生からt_0年が経過しており、今後Δt年間に地震が発生する確率は、「領域②／領域②＋領域③」として計算できる。

確率論的地震動予測地図

多くの人が目にするハザードマップとしては、文部科学省が作成している全国地震動予測地図が挙げられる。この地図は、「シナリオ地震動予測地図」と「確率論的地震動予測地図（**❷**）」の2種類で構成されている。前者は、ある地震が発生した場合に各地点がどのように揺れるのかを表しており、想定した地震シナリオにおける数値シミュレーション結果を地図上にプロットしている。また、アスペリティ（断層上の破壊領域）やその位置など条件を加味した複数のシナリオを設定し、多様かつ複雑な地震を多角的に考慮した予測を試みている。一方、後者は、過去に発生した地震や上述のシナリオ地震動予測地図などの現時点で考慮し得る情報を総合化して、ある地点が今後t年間で震度x以上の揺れに見舞われる予測確率を地図上にプロットしている。これらは防災科学研究所の地震ハザードステーション[2]にて閲覧可能である。

確率的地震動予測地図をより具体的に見てみよう。今後t年間で震度x以上の揺れとな

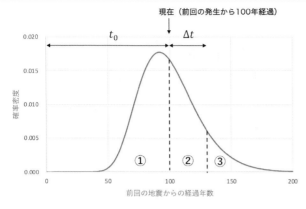

❶—BRT分布の確率密度関数
ここでは、$\mu=100$、$\alpha=0.2$の場合を
プロットしており、
地震のタイプや発生地点によって
この値は異なる。
前回の発生からの経過年数$t_0=100$、
$\Delta t=30$年間とすると
発生確率は75.5%と評価できる

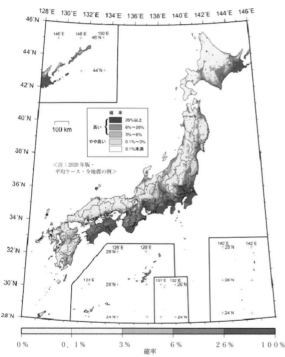

❷—確率論的地震動予測地図
ある地域が今後30年間で
震度6弱以上の揺れに見舞われる
確率のこと。
「30年後（特定の日時）に発生する確率」
ではなく「30年の間に発生する確率」
であること、
また「その場所で震度6弱以上の地震が
発生する確率」ではなく
「さまざまな地震を想定した場合に
その場所が震度6弱以上の揺れに
見舞われる確率」であり、
さらに確定的ではなく
不確実性を含む確率的な
予測であることに注意したい

る予測確率は、ある地震がt年間で発生する
確率（発生確率）と当該地震が震度xを越える
確率（超過確率）の積で表される。例えば、発
生確率が40%、超過確率が60%の場合には、
40%×60%＝24%となる。

ハザードマップは確率論にもとづいている
ため、蓄積データの量や数値シミュレーショ
ンの精度、シナリオの数に依存して値が変化
する。そのため、より良い予測のためにも
日々の研究蓄積が重要となる。　　　（栁沼）

12 災害に強い学校建築
（陸前高田市立高田東中学校）

Keywords▶ 公共建築、陸前高田市、中学校、
災害時利用、記憶の継承

〈人々の生活をどう守るか？〉

災害対応を可能にした中学校

建築の設計をする際に、配置計画・平面計画など空間的なレベルで災害時の使われ方を想定しておくことは極めて重要である。本稿では、東日本大震災で被災し、再建された中学校の設計プロセスを通して、公共的な建築の設計時に想定しておくべき災害対応の考え方の一例を紹介する。陸前高田市立高田東中学校は、津波被害を受けた3つの中学校を統合し、高台に新たに建設された（❶）。

利用者との対話を通じた機能の絞込み

設計時に、生徒、教員、保護者、地域住民など多様な施設利用者を交えた設計ワークショップが繰り返し行われた。津波被害、とくに避難所での生活の記憶がいまだ生々しい時期に行われたことにより、学校としての日常的な使われ方だけでなく、災害時の使われ方まで具体的に議論された。限られた建設予算の中で災害対策を行うためには機能の絞込みが必須であり、実際の利用者によるこうした議論が大きな役割を果たした。

日常利用と災害時利用の両立

建物はひな壇状に造成した斜面に埋め込まれており、道路に面した上階に、地域開放される図書室や特別教室、運動場に面した下階に普通教室が設けられている。2階建てであるがすべての居室から速やかに避難可能な断面計画である。体育館には独立したエントランスを設けると同時に室内でも校舎棟と連結されており、避難所として利用される際には、学校機能と明確にゾーニングすることが可能である。避難所利用が長期化しても、生徒たちの勉学環境に対する影響を最小限に抑えることができる。このように、日常的な市民開放の際の利便性と、災害時利用の利便性を両立させることは極めて有効である。

環境配慮と災害対策の両立

敷地のレベル差を利用することで、すべての教室において2方向からの自然通風、換気が可能となっており、照明や空調エネルギーの使用を極力抑えることができる。このことはエネルギー供給が寸断されたときにも使用可能な建築であることを意味する。太陽光発電パネルなどの設備的要素も含めた自然エネルギー利用の試みは、日常的な省エネにつながると同時に、災害時にも有効である。

建物完成後の記憶の継承

さまざまな災害対策を施したものの、いざ災害時になって使い方がわからない、あるいはそうした設備があることすら知られていない、というケースも往々にして起こり得る。高田東中学校では、新しく赴任した教職員も建物の考え方を容易に把握できるよう、設計者が使い方マニュアルを作成した。公共的な建築においては、地域ごとに想定される災害

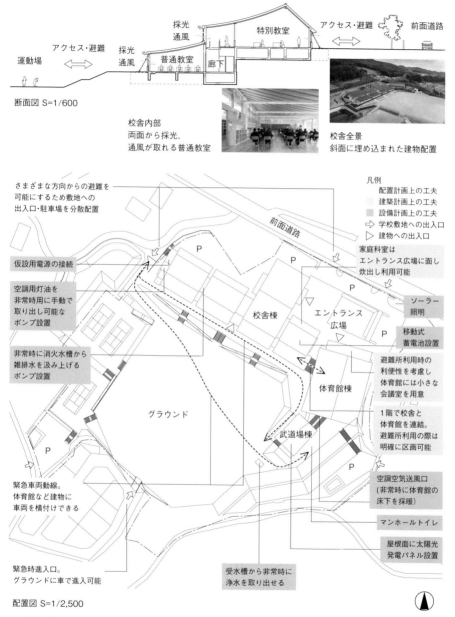

断面図 S=1/600

校舎内部
両面から採光、
通風が取れる普通教室

校舎全景
斜面に埋め込まれた建物配置

さまざまな方向からの避難を
可能にするため敷地への
出入口・駐車場を分散配置

凡例
配置計画上の工夫
建築計画上の工夫
設備計画上の工夫
⇨ 学校敷地への出入口
▷ 建物への出入口

前面道路

家庭科室は
エントランス広場に面し
炊出し利用可能

仮設用電源の接続

ソーラー
照明

空調用灯油を
非常時用に手動で
取り出し可能な
ポンプ設置

移動式
蓄電池設置

非常時に消火水槽から
雑排水を汲み上げる
ポンプ設置

避難所利用時の
利便性を考慮し
体育館には小さな
会議室を用意

1階で校舎と
体育館を連結。
避難所利用の際は
明確に区画可能

空調空気送風口
(非常時に体育館の
床下を採暖)

緊急車両動線。
体育館など建物に
車両を横付けできる

マンホールトイレ

屋根面に太陽光
発電パネル設置

緊急時進入口。
グラウンドに車で進入可能

受水槽から非常時に
浄水を取り出せる

配置図 S=1/2,500

❶—学校配置と考え方

に対して有効な対策が取られていることと同時に、それらが日常的な使い勝手や省エネなどと両立されていること、また設計時に行われた議論や実際に採用された工夫を、施設利用者や地域住民の間で継承していくための仕組みづくりが極めて重要である。　　（安原）

13 災害に強い道路計画

Keywords▶ 整備効果、費用便益分析、
防災機能評価

道路整備の考え方

道路ネットワークは人や物の移動を支える重要な社会基盤施設であり、平常時には人々の移動や物流など地域経済の発展に寄与し、災害時には速やかな避難や救助を可能とする。しかし、道路整備には多額の費用が必要であり、限りある財源を適切に活用するためには、必要性・有効性・効率性の観点から道路の整備効果を定量的に把握し、公平性と透明性を担保したうえで、国民にわかりやすく説明することが求められる。

効果の計測手法とその課題点

多くの国では、道路整備を行う際に定量的な効果計測とそれにもとづく整備判断を下しており、おもに費用便益分析と呼ばれる経済学の分析手法が広く用いられている。費用（Cost）は道路整備に必要な建設費用と運用費用、便益（Benefit）は整備により得られる効果を意味する。便益の具体例として、わが国では1）時間短縮便益、2）走行経費減少便益、3）事故減少便益のおもに3つの便益が計測されている。例えば、走行時間短縮便益は、整備により短縮される時間（分）×時間価値（円/分）×交通量（年間）を1年当たりの便益として貨幣換算した値となる。道路施設を30年もしくは50年間利用すると仮定した場合、割引率を加味した総便益と総費用の現在価値を求めて、費用便益比（B/Cと呼ばれる値で、1を

超えると便益が費用を上回るため、投資効率がよいと判断できる）などの指標を用いて整備を実施するか否かを判断している。

しかし、この手法には交通量に依存すること、平常時を想定した手法であること等の課題がある。交通量の少ない地方部では都市部に比べて便益が小さいため、整備が見送られる可能性がある。また、3つの便益はあくまでも平常時の経済効率性にもとづいており、災害時の必要性や有効性を明示的に考慮していない。

東日本大震災と道路の防災機能評価

2011年3月11日に発生した東日本大震災では、道路ネットワークの被災により多くの問題が生じた。一方で、道路を活用した迅速な避難により人命が救われたケースが見られ、災害時における道路の効果が示された。これらを踏まえて、国土交通省では、災害時における道路の効果を計測する「道路の防災機能評価手法」の開発と運用が開始された。

道路の防災機能評価は、費用便益分析の課題を踏まえて、災害時を前提とした交通量に依存しない評価手法となっている。この手法では、地震と津波、豪雨、火山、地震と豪雨を組み合わせた複合災害など、地域の災害実態に応じたきめの細かい災害シナリオの設定と評価が可能である。さらに「広域拠点間の接続性評価」と「事業区間の効率性評価」の2つの定量的な評価手法が導入されている。具

〈人々の生活をどう守るか？〉

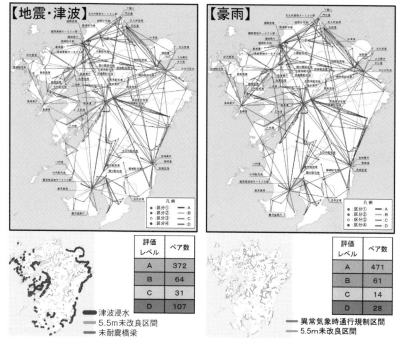

❶—九州地方における防災機能評価の適用結果
ここでは、地震・津波、豪雨、火山の3つの災害シナリオにおける拠点ペア間の脆弱性評価を実施している。
評価レベルAからDとは、脆弱度指標をランク化したもので、
Aは平常時と同じ移動時間（脆弱度が0）、Bは移動時間の増加率が1.5倍以内、
Cは1.5倍以上、Dは移動不可（脆弱度が1）となっている。
図中では、すべての災害シナリオで阿蘇付近がDランクであることから、
災害によるリスクが高い地域であることが確認でき、なにかしらの整備が必要と考えられる。
なお、この結果は2015年に発表されたものであり、2016年に発生した熊本地震の被災エリアと一致している

体的には、役場や病院、交通結節点などの防災上の重要拠点間の移動時間に着目し、平常時と災害時の比較から「脆弱度」と「改善度」を指標化している。前者は災害時に拠点ペア間の移動時間がどの程度増加するのかを「脆弱度」として指標化しており、後者はある道路区間の整備・強化の有無によりどの程度脆弱度が低下するのかを「改善度」として指標化している。これにより、道路整備施策を検討するうえで重要となる防災戦略上のクリティカルな拠点ペアの見える化や改善優先度の高い道路区間の抽出を実現している（❶）。

この手法は東日本大震災で被災した東北エリアの道路整備に適用され、いま現在では全国の高規格道路整備を計画・検討する際には費用便益分析と併せて実施されている。

災害に強い道路ネットワークをつくるためには、平常時の経済効率性と災害時の防災性の両方を加味した定量的評価が必須であり、これを論拠とする政策立案（Evidence-based policy making: EBPM）と国民の理解を得ることが重要である。

（栁沼）

Keywords ▶ インフラ、エネルギー消費、
省エネルギー、BCP

〈人々の生活をどう守るか？〉

インフラ依存の低減化

われわれの快適で利便性の高い日常は、電力、ガス、上下水道、物流（道路・鉄道等交通網）、通信網など多くのインフラ（生活基盤施設）に支えられて成り立っている。災害時には、停電、ガス停止、断水、通行止めなど、これらインフラの途絶が発生する。とくに大規模災害時には、災害の直撃を免れた地域を含め、極めて広範囲かつ長期にわたる途絶が危惧される。地震に限っても、これまで周期的に繰り返し発生してきた関東や東海・南海、北海道十勝沖の大地震を想定すると、わが国の大部分の地域で当事者となり得る。気候変動に起因すると考えられる近年の激甚化する気象災害も同様である。

被災後、復旧・復興までの各段階で、さまざまな気象条件の下で、いかに人々の生命、健康、生活を守り、住宅や避難施設、病院、公共施設などの機能を維持するかが大きな課題となる。室内の環境形成の基本は、建物構造が災害の直接的影響に耐え、かつ外壁、窓、床、屋根など各部位が、断熱・気密性、日射遮へい/取得性、採光性、通風換気性について十分な性能を有することである。そうであれば、必要に応じて、熱的に内外を遮断する、あるいは日射や外気を取り込むなどにより、エネルギー供給がない場合でも比較的幅広い気象条件の下で必要最低限の室内環境を確保できる可能性が格段に高まる。

究極の対策としては、上記インフラにまったく依存しない自給自足の生活であるが、現実的とはいえない。まずは、インフラから独立とまで行かなくとも、インフラへの依存を極力少なくすることができれば、すなわち住宅・生活を省エネ・省資源型、環境負荷低減型にシフトすればするほど、非常時の対応のハードルは低くなる。

住宅におけるエネルギー消費構造

われわれは日々の生活の中で多くのエネルギー資源を消費している。そのことを正しく認識しておくことは、有効な対策を講じるうえで極めて重要である。わが国の住宅のエネルギー消費において、各用途の割合では、北海道など寒冷地を除けば多くの場合、大きい順に、給湯、家電・照明等、暖房であり、冷房は比較的少ない（❶右）。しかし、筆者らが行った自宅のエネルギー消費最大用途についてのアンケート調査では、居住者の認識としては、暖房40%、冷房30%、給湯16%、家電・照明等14%という結果が得られている（❶左）。他の3用途の1/10～1/20程度と実際には少ない冷房を自宅の最大用途と回答した世帯が約3割もあり、また、給湯が大きな割合を占める実態を正しく認識している世帯も少ない（約16%）など、自宅についてさえもエネルギー消費実態とその認識には大きな乖離があることがわかる。インフラ途絶時の限られたエネルギーの効果的な活用には、各々

の用途の必要量についての正しい認識が極めて重要と考えられる。

BCP、ならびにZEHとZEB

　病院、自治体、消防、警察や通信・情報・金融企業等においては、災害時や直後においても最低限の機能維持および早い機能回復が必要とされる。そのため設計時から、被害を最小限に抑えるため、構造上の検討に加え、電気・空調・衛生など建築設備についても機能が損なわれることのないよう配置（水害にそなえて上階設置等）やバックアップなど周到な検討が必要となる。

　災害で被害を受けた場合に、中核となる事業・機能の継続あるいは早期復旧を可能とするために、平常時に行うべき活動や継続のための方法、手段などを取り決めた計画をBCP（Business Continuity Plan: 事業継続計画）といい、広くその策定が求められている（❷）。具体的には、上水・雑用水・燃料等の備蓄や、トイレ機能、電源や通信手段、さらには必要人員の確保などの対策が必要とされる。

　エネルギーインフラから自立した、あるいは依存を大幅に低減したZEH（Zero Energy House、❸）・ZEB（Zero Energy Building）などの住宅・建築は、平時において省エネルギー・CO_2排出削減に大きく役立つだけでなく、非常時においても生命・生活を守り、災害に強い地域・まちづくりに大きく貢献すると考えられる。省エネルギーの果たす役割は極めて大きく、また太陽エネルギーなど再生可能エネルギーの活用は地球温暖化対策と合致する部分も多い。次項以降（本章15、16）では、太陽エネルギーと水について取り上げる。

（井上）

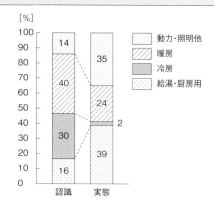

❶—家庭におけるエネルギー消費に関する居住者の認識と実態の乖離（「環境白書平成20年度版」に掲載）

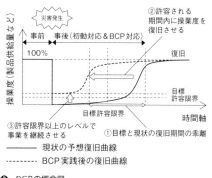

❷—BCPの概念図

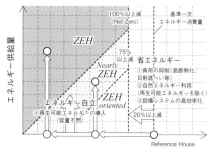

❸—ZEH（Zero Energy House）の定義
年間を通してのエネルギー収支を0をめざす。
したがって、夜間や冬期等は外部からエネルギー供給が必要であることに注意

15 太陽エネルギーの活用

Keywords▶ 熱・光、光発電、蓄電池、EV

太陽エネルギーとは

地球に降り注ぐ太陽エネルギーは、人類が消費する全エネルギーの数千～1万倍にも相当する。住宅・建築においてこの太陽エネルギーを、熱・光・光発電の観点から、適切に活用・制御することは、地球温暖化対策のみならず、エネルギーインフラ途絶対策の観点からも極めて重要である。

熱・光について

住宅の太陽エネルギー利用としてまず思い浮かぶ用途は、暖房かもしれない。暖房をすべて太陽熱で賄おうとするパッシブソーラーハウスの概念は広く知られている。冬期に日射を効率よく受け入れる南面の大きな開口、受け入れた太陽熱を逃がさないための十分な断熱・気密性、安定した室内温熱環境とするための蓄熱性、の3点が重要なポイントとされる。併せて、わが国のような温暖な地域では、夏期・中間期のオーバーヒート対策として日射遮へい・通風性の確保も忘れてはならない（❶）。

また前項でもふれたように、北海道など寒冷地を除き、多くの場合、給湯がエネルギー消費の最大用途である（❷）。これを太陽エネルギーで賄う太陽熱温水器は、40％程度と高い集熱効率が期待できる手法である。構造もシンプルで技術的困難が比較的小さいこと、オイルショック以降の一時期普及した実績などを考慮すると、環境・防災の視点からもっと見直されて然るべきと考えられる。

冷房については、電力使用が前提で後述の太陽光発電などとの組合せとなるが、熱中症など健康影響リスクを考慮して適切に使用すべきと考えられる。その場合でも電力消費低減のため、あるいは冷房を使用できない場合の防暑対策として、太陽熱の侵入を防ぐため、軒・庇・すだれ・植物等による日射遮へい、屋根・外壁の高断熱化・高反射率化などのほか、光成分は通すが太陽エネルギーの約半分を占める近赤外域成分は反射するガラス（遮熱型Low-Eガラス）の採用、通風・換気による排熱などが有効である。住宅内の明るさ確保には、適切な大きさと可視光透過率の高い窓・トップライトなどを介しての昼光導入が基本である。

太陽光発電について

近年、屋根に太陽光発電パネルを載せた住宅を目にする機会は急速に増えている。技術開発に伴い、効率は向上し導入のためのコストは大幅に低下している。住宅における再生可能エネルギーの中では、もっとも現実的な選択肢と位置づけられている。

住宅については、外壁・屋根・窓等に必要な熱性能（断熱・気密性、日射遮へい/取得性）を確保し、暖冷房・給湯・照明などに高効率な設備機器を導入すれば、屋根にやや大きめの容量の太陽光発電システムを設置することで、年

〈人々の生活をどう守るか？〉

間を通してのエネルギー消費収支をゼロにすることは十分可能である（ZEH：前項参照）。ただし、太陽エネルギーは、時間帯・季節・天候などにより大きく変動するため、このままでエネルギーインフラから独立できるわけではなく、一般的には系統電力と連携するかたちで使用される。ここで、蓄電池を設置し電力供給が途絶えても自立運転できるシステムにしておけば、災害時も昼夜・天候を問わず継続的に電力の使用が可能となり、生命・生活を守るうえで大きな助けとなる。

　現時点では、これもCO₂排出削減の観点から急速な普及が見込まれるEV（Electric Vehicle: 電気自動車）の蓄電池を活用することで、通勤・買い物等モビリティを再生可能エネルギーで賄うだけでなく、日常的にEVに蓄えること、災害時にEVから住宅に電力供給することも現実的な選択肢となっている（❸）。

　さらに、太陽光発電で充電可能な自走式蓄電池（電気自動車、EV）が街中に多数存在することは、災害時に避難所など必要とされる場所に必要な電力を届けることが可能という意味でも、都市の防災に大きく寄与するものと考えられる。

温暖化対策と防災の両面から

　再生可能エネルギーである太陽エネルギーを幅広く活用することは、CO₂排出削減を通して気候変動を抑制し気象災害を減ずるという意味でも防災に役立つのみならず、災害時の生活・都市機能の維持の観点からも極めて重要と考えられる。

（井上）

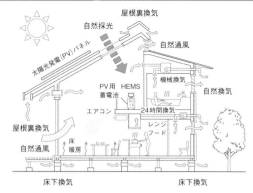

❶—日射・通風を考慮した住宅

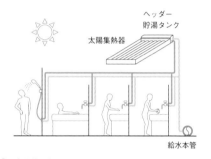

❷—太陽熱温水器

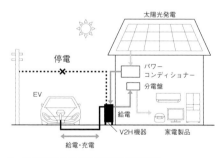

❸—太陽光発電とEV（電気自動車）の組合せ

Keywords▶ 水の消費内訳、受水槽、節水型器具

16 水の確保と活用

〈人々の生活をどう守るか?〉

住宅における水消費の内訳

　地震・洪水などによる水道管破断等で発生する断水は、消火用水不足による延焼拡大、さらには長期にわたる飲料水や生活用水の不足など深刻な事態をもたらす。

　水の確保は生活全般、なにより生命維持に不可欠であることは改めていうまでもない。まず、住宅における水消費の量とその内訳を見ると、わが国の住宅では、平均1人当たりおおむね200〜300ℓ/日もの水が消費されている。その内訳は、❶のように、トイレ、風呂(シャワー含む)、炊事、洗濯・洗面等でおおむね4等分され、それぞれ40〜60ℓ/日程度である。4人家族では、毎日約1,000ℓ、約1tという計算になる。これに対して、生命・健康維持の観点からの水・飲料水は、1人当たり2〜3ℓ/日とされる。つまり、住宅で消費する水の大部分は、洗うため、すなわち衛生的環境を保ち清潔で健康な生活を送るために使われているのである。

水の確保

　上述の消費量・内訳を考慮すると、災害時への対策としては、飲料とそれ以外を分けて考えるのが適切と考えられる。まず生命維持に不可欠な水(2〜3ℓ/人日)の確保が最優先であるが、住宅における全消費量の1/100程度であり、ペットボトル入り飲料水(数日分を想定して、2ℓ入りを1人当たり数本程度)の備蓄

がもっとも現実的と思われる。非常用食料とともに、日々の生活の中で備蓄のうち古いものから順次消費し、その分新たに補充すること(ローリングストック)を繰り返せば、災害時にも賞味期限切れを防ぎ安心して使えることになる。なお、ペットボトル入り飲料水は長期間のうちに容器を通して徐々に蒸発し減少する。このため賞味期限は計量法の観点から表示内容量を担保する期限として定められており、飲料水自体は品質の変化が極めて少ないことから期限を超過しても一律に飲めなくなるものではない(注:消費者庁、農水省HPなど)。

　敷地内あるいは周辺で井戸水や雨水の利用が可能な場合は、その活用は極めて有効な対策となる。設備をそなえ日ごろから使える状況にしておくことが望ましい(❷)。

　また、集合住宅や一般建築の給水方式には、受水槽方式とポンプ直送方式があるが、受水槽内の水も数日程度は飲用としても利用可能である。衛生・経済面等の理由から増加しているポンプ直送方式ではあるが断水・停電で瞬時に供給が絶たれることを考えると、受水槽方式の再評価も必要である。この場合、配管の被害などで水槽内の水が流出しないように遮断弁の設置など、受水槽と併せて耐震性の高いものとすることが望まれる。また住宅内の給湯を貯湯式給湯器で行う場合、一般的に400〜500ℓの水(湯)を自己保有水として確保することになり非常時に活用可能

である。

日ごろの節水の重要性

以上の水の確保と併せて、日々の生活をより少ない水の消費で賄えるようにしておくことが、住宅、住棟、街、地域として水不足のリスク自体を下げ、同時に渇水時・災害時の水不足への耐性を高めることになる。

トイレについては、1990年代以前の水洗トイレは1回の洗浄に十数ℓの水を必要としたが、最近のものは6ℓ/回以下と大幅に節水化が進んでおり、さらには5ℓ以下の製品も市場に出ている。入浴関連では、浴槽湯張りは百数十ℓと非常に多くを消費する。このためシャワーの普及は一般に湯消費の削減に貢献していると考えられるが、長い時間や多くの回数の使用となると逆転も十分あり得るので注意を要する。シャワーヘッドについては、かつて毎分十数ℓ（10分で浴槽湯張りと同程度！）の湯量のものが多かったが、空気（泡）を混ぜる、断続的に吐水する等の工夫により、使用感・快適感を確保しつつも湯量は3～4割程度少ない製品が開発・市販されている。これらは給湯用エネルギー削減の観点からも極めて有効である。洗濯については、洗濯機の構造が二槽式、全自動一式、ドラム式とこの順に水消費量は大幅に削減される。また調理・炊事関連では、食器洗浄機の場合、内部で水（湯）を循環させ洗浄するため、消費量は手洗いに比べると1/10程度と大幅な減少となる。

以上のように、水消費においても大小のバランスを意識しつつ、設備機器を適宜選択・更新し、日常的に節水を心掛けることが災害時の対策としても大きく貢献する。なお、水

❶―1日の1人当たりの水消費量内訳

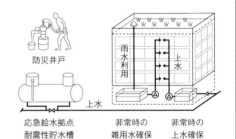

❷―非常時の上水確保

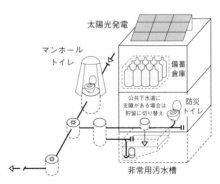

❸―災害時のトイレ・汚水槽

の使用に際しては、排水についても十分な注意が不可欠であり、下流側となる排水管・公共下水道等に損傷がある場合には流せなくなるため、とくにトイレについては防災用トイレ、非常用汚水槽等の設置・運用も検討する必要がある（❸）。　　　　　　（井上）

17 防災グッズ

Keywords▶ 自助、防災グッズ、最初の1週間

発災後の1週間

近年、被災時の対応は3助、すなわち「自助・共助・公助」が重要とされている。

自助は、災害が発生したときに、まず自分自身と家族の身の安全を守り、自力で災害に対応することである。共助は、近隣住民や地域の人々と協力し助け合いながら災害に対応することをさす。公助は、自治体、市町村や消防署、自衛隊といった公的機関による援助支援である。

現在、この3助のうち、各地方自治体では大災害発災後1週間を「自助の期間」と位置づけることが多い。自治体としては、発災時は建物の倒壊や津波、土砂崩れによって道路網が寸断され、避難物資の配給が遅れる可能性を鑑み、「公助の態勢が整うまで1週間の猶予を見てほしい」という意味を込めている。この30年の先行例を考えると、大災害発災時、どのような状況に陥るか想定が難しい。よって、まずは各自が自助によって避難活動を行うことが推奨されるのである。

防災グッズの備蓄に対する考え方と種類

自助は、「自分の身は自分で守る」ということを基本とし、被災時だけではなく日ごろの災害へのそなえも含まれる。

中でも身近な日ごろのそなえとして、防災グッズをそろえることがある。当然ながら、各家族の人数や構成に合わせて考える必要があるが、まずは必要最低限、もち運びやすいよう重量に気をつけてそろえる。

ここでは、防災グッズを「被災時のもち出し」と「日ごろの備蓄」という視点からとらえると、❶のように抽出できる。

この中で、被災後1週間、自助により避難生活を乗り切るための具体的な防災グッズ約30種を❷に示す。防災グッズは、大きくは通信、食料・調理、寝具・衣類、衛生管理、道具、筆記の6種に大別できる。

通信は、災害情報などを随時入手できるよう、ソーラー式で懐中電灯などが付いた多機能なものが望ましい。食料は、500mℓ飲料水や食料のほか、調理器具代わりになるものがあるとよい。寝具・衣類としては、真冬の寒い時期やプライバシーが確保できないなど、悪条件下でも夜の睡眠がとれるよう、布団代わりになるものや防寒具も重要になる。被災時は、電気・ガス・水道が止まる可能性が高い。そのため、衛生管理用に、アルコールや水のいらないシャンプーもそなえておきたい。その他道具としては、ケガに対応できるような応急セット、倒壊した建物の下敷きになることを見越し救助を呼ぶ呼び笛があるとよい。筆記用ノートやメモ用紙があれば、メモや張り紙などに重宝するだろう。

ほかにも自転車や、1週間の被災生活に対応した約30種を、人数や家族構成と合わせて、数量をそろえておきたい。

(垣野)

非常用もち出し品例

貴重品	現金、カード、預貯金通帳、権利証書、免許証、保険証、印鑑など
非常食品	乾パン、缶詰など火を通さずに食べられるもの
飲料水	もち運べるようペットボトルに入ったもの
応急医療品	常用薬、ばんそうこう、消毒薬、包帯など
懐中電灯	1人1個、予備の電池も
携帯ラジオ	予備の電池も
衣類・タオル	下着、上着、靴下などの衣類、軍手、タオル、雨具など
その他	ティッシュペーパー、ビニール袋、石けん、生理用品、紙おむつなど

非常用備蓄品例

飲料水	1人1日3ℓを目安に用意
燃料	卓上コンロ、携帯コンロ、固形燃料など
非常食品	乾パン、缶詰やレトルト食品、栄養補助食品など
その他の生活用品	生活用水、ポリタンク、毛布、寝袋、洗面用具、トイレットペーパー、なべ、やかん、バケツ、使い捨てカイロ、ろうそく、ロープ・スコップなどの工具、ドライシャンプー、新聞紙、ビニールシート、布製ガムテープ、キッチン用ラップ、ペットフード（ペットがいる場合）など

❶—「自助」にもとづく被災時もち出し品と備蓄品

	カテゴリー	物品名例	用途
1	通信	ソーラー多機能ラジオ	情報収集
2	食料	ペットボトル水（500mℓ）	飲料用で、500mℓだと扱いやすい
3		缶詰ソフトパン（100g）	調理不要ですぐに食べられる
4	調理	食品加熱袋・加熱剤	加熱袋に発熱剤と水を入れ、食品をあたためる
5		エアーまくら	車中泊など、寝にくい場所で使用する
6		アイマスク	慣れない避難所など、音が気になる場所で睡眠をとるために使用する
7		耳栓	
8		スリッパ	被災後の足元が危険な室内や避難所で使用する
9	寝具・衣類	レジャーシート	避難生活での防風・防寒対策から、日よけ、雨避け、目張りなど用途多数
10		軍手	脱出、救助、各種作業、防寒対策にも。すべり止め付き
11		レインコート	季節・天候を問わずに訪れる災害。雨や雪の中の移動に必須。防寒にも
12		カイロ	手軽に暖をとれ、移動しながらも使用できるので便利。防寒対策は必須
13		三角巾	止血や固定など、さまざまな用途で利用できる
14		マスク	避難所や被災後の防塵に使用する
15		非常用簡易トイレ	抗菌・消臭凝固剤で排泄物を固形化させ衛生的に処理できる。大対応
16		アルミブランケット	軽量コンパクトで、冬期は防寒、夏期は防暑対策に使用できる
17	衛生管理	アルコール除菌ジェル	衛生対策、除菌用
18		水のいらないシャンプー	水が不足する避難生活で衛生対策に使用する
19		救急ポーチ・救急セット	応急処置に使用する
20		マルチツール	ナイフ、缶切り、栓抜き、ドライバーなどが一体となった多機能道具
21		非常用給水袋	消火や給水時に用いる
22	道具	緊急用呼子笛	見動きがとれないとき、居場所が伝えやすい高音仕様。もち運びに便利なペンダントタイプ
23		非常用ローソク・マッチ	長時間の照明に最適な非常用ローソクとマッチのセット。燃焼時間12時間
24		布ガムテープ	サバイバルで重宝されるのは有名。負傷時の一時的な止血にも
25		乾電池	電力供給が止まった状況の補助に
26	筆記、本	緊急時連絡シート	避難場所や連絡先などを記載する緊急連絡シート
27		防災アイデア手帳	防災、避難生活上のアイデアが記された本

❷—防災グッズの種類と用途

18 避難訓練のすすめ

Keywords▶ 避難訓練、避難所体験、複合災害、感染症対策

発災時のシミュレーションの重要性

東日本大震災では、多くの地域住民が津波で命を落とした。しかし、津波に対応した避難訓練を毎年行い続けてきた釜石市では、ほとんどの小中学生が津波にのみ込まれることなく避難できたことから「釜石の奇跡」と呼ばれ、話題を呼んだ。その訓練で培った避難の原則とは、当時群馬大学教授・片田敏孝氏が提唱した「想定にとらわれないこと。最善を尽くすこと。自分が率先避難者となること」というものであった。このことからも、いかに日ごろの訓練が重要であったか、また発災したときは習ったことにとらわれないで臨機応変に対応することの重要性がうかがえる。

防災グッズの項で示したとおり、被災時の対応には「自助・共助・公助」の3助が重要となる。中でも、「自分の身は自分で守る」という考えに根ざし、「自助」の日ごろの準備が肝要となる。ここでは、発災の初期段階で重要となる避難行動を円滑にするべく、事前にどのような訓練を行っておくべきか述べる。

避難訓練の種類と特徴

避難訓練は、災害やその訓練の目的別に、大きく6種があげられる(❶)。加えて、火災や地震など、それぞれの災害の特徴に合わせた訓練も重要になる(❷)。例えば、避難誘導訓練では、口を覆いながら避難する手順が重要になる。また出火場所にいる者の消火活動

が有効となるため、消火訓練も有用だ(❸)。地震に対応した訓練では、まず頭を守ることを第一義とした防護訓練(❹)や避難誘導訓練など、複数を組み合わせて行うことになる。津波災害に対応した訓練では、前述のように、なにより避難の方法や避難場所への誘導が鍵になる。近年は、避難所運営も注目され、避難所開設訓練や宿泊体験、宿泊用のベッドを作成するワークショップも行われるようになってきた(❺、❻)。

沿岸部、都市部、山間部では、立地条件により災害の特徴が異なる。この点を明確にとらえたうえで、訓練を選択し適宜組み合わせていくことが求められる。

検討される感染症との複合災害への対応

COVID-19を代表とした感染症について、その対策にも注目が集まっている。感染症が流行している時期に大地震などで被災した場合、どのような対応をすべきか、検討されはじめているのである。具体的にはいわゆるソーシャルディスタンスをとりながら、いかに避難所を開設、宿泊場所を確保するか、検討が重ねられている(❼)。被災時、避難所に身を寄せるだけでなく親戚や知人宅に身を寄せることで、3密を避けるように促したり、マスクや消毒、検温といった衛生管理を強化したりすることが必須になっていくだろう(❽)。　　　　　　　　　　(垣野)

	想定される災害	訓練の名称	訓練の目的
1	地震	防護訓練	ヘルメットや防災ずきんなどをかぶる。地震などの災害を想定した場合、頭を守ることを優先した訓練が必要である。公共施設では、これらに加え防災ヘルメットの配布、情報伝達の訓練も重要となる
2	地震、火災	避難誘導訓練	学校など公共施設などで、迅速に避難場所へと誘導する訓練。地震の場合は窓ガラスの近くや大きな照明器具の下を避けて通る、火事の場合は出火元にできるだけ近付かないように通るといったように、災害の種類に合わせた避難経路を選ぶなど、実際の状況を具体的に想定することが重要となる
3	火災	通報・連絡訓練	火災を想定し、119番への通報方法や、火災報知器の場所や使い方、館内放送の方法を把握する訓練。119番へ通報した際にどのようなことを伝えるか、火災報知器がどこにあるのか確認するほか、通報の手順、連絡の流れを把握することができる
4	火災	初期消火訓練	火災が発生した状況を想定し、消火器や消火栓の場所や使い方を把握するために行う訓練。バケツリレーなどを実践する場合もある。火災の被害を最小限にとどめるため、初期消火活動を重視し、各自が消火器の使い方を身につけ、迅速に消火作業に当たれるようになる。火災は、地震などの天災、タバコの不始末といった人為的な要因でも発生するため、さまざまなケースを想定して行うことも重要となる
5	ケガ	救急救命訓練	ケガの状況を把握し、異物除去や止血などを行う応急手当や、AEDや心臓マッサージなどによる心肺蘇生の方法を学び実践する訓練。大ケガや意識を失っている人への処置を想定している
6	すべての種類	災害用伝言板などを利用した緊急連絡訓練	災害用伝言板や災害伝言ダイヤルなどを利用して、自分自身の状況連絡や家族の安否確認を行う訓練。大規模災害時は、通常の電話回線が混雑するためつながらない事態になる。状況に合わせてどのような連絡手段をとるか、いくつもの手段を確認する必要がある。なお、東日本大震災時には携帯電話が不通になってしまったが、ツイッターなどのSNSが有効に活用され話題となった
7	各種災害	災害の種類に特化した訓練	ア 防火区画や排煙設備の機能チェックに特化した訓練 イ 災害時に救助を要する人の搬送、応急手当等に特化した訓練 ウ 消防隊の誘導や情報提供に特化した訓練 エ 地震災害に特化した訓練 オ 津波災害に特化した訓練

❶—避難訓練の種類
災害の種類やその目的に合わせて、さまざまな訓練方法がある

❷—津波避難誘導訓練　　❸—初期消火訓練　　❹—地震発災時の防護訓練

❺—段ボールベッドを用いた防災訓練　　❻—段ボールベッドの体験コーナー

1	手洗い・消毒の徹底
2	定期的な検温・症状のチェック
3	3密(密閉・密接・密集)を避ける
4	ソーシャルディスタンス(互いに2m)を保つ
5	向かい合う時間を短くする
6	定期的な換気を行う

❼—感染症対応の避難所開設の訓練　　❽—避難所での感染症対策例

Keywords▶ 地域防災、避難生活、避難所、自活力、都市資源

自助と地域防災

各自治体では災害発生後の避難マニュアルの作成、避難訓練の実施、また避難所運営ゲーム（通称：HUG）が開発されるなど、さまざまな対策の準備が進んでいる。東日本大震災では、想定を大きく上回る避難者が発生し、学校などの指定避難所で収容しきれなくなったため、指定されていなかった施設でも避難所が開設された。実際の避難生活は、学校施設と周辺施設、他避難所、地域住民などとの連携によって行われることになるだろう（❶）。

ここでは、ある地域が災害時に他からの支援を受けずに避難所等を運営していける能力を「地域の災害時自活力」と定義し、その地域のもつ都市資源や立地条件、自治会の防災への取組みから各小学校区の災害時自活力を見てみたい。

災害時自活力から見た地域のタイプ

各小学校区がもつ都市資源を評価すると、1つの対応力が高い「特化対応型」、複数の対応力が高い「多機能対応型」、対応力の低い「非対応型」の3種に類型される（❷）。また各校区自治会の取組みは、防災訓練や自治会内での連携、取組み、災害時の施設活用計画の策定から3つの段階に分けられる（❸）。これらを総合的に見ると、校区の立地条件や都市資源対応力の低い部分を地域の取組みで補っ

ている「合致型」、校区の立地条件や都市資源の部分への関心が低い「非合致型」、都市資源の立地条件や都市資源自活力が低く地域の取組みも進んでいない「非対応型」、校区の立地条件や都市資源自活力とは別の視点から地域の取組みを進めている「別視点取組み型」の4つがある。

「合致型」は、都市資源は支援・受援対応力が高く、在宅避難者への支援拠点の確保が可能となっている（❹a）。一方で、一般避難者対応力が低いため、想定を超える避難者が発生した場合の避難所の確保が困難であり、運営面からの対策が必要となる。また、生活水支援力が低いため、生活水の確保が非常に困難になる。

自治会長へのヒアリングでは、情報の相対関心度が高く他校区と比較して高い関心をもっている（❹c）。絶対関心度では、防災、物資、運営、避難所、情報の5つの要素が高い（❹b）。とくに、避難所のコメントでは、避難所の不足を危惧するコメントが得られた。この校区では、独自の取組みとして被災時に民間施設を避難所として利用することを計画している。また、小学校の具体的な利用計画も作成されており、自治会長の防災への意識が高く、取組みも進んでいる（❹d）。これらの取組みや自治会長の関心は、人口の多さとそれに伴う避難所不足に対応したものであり、適切な取組み方をしていると評価される。

（垣野）

課題	分類	目的	災害時都市資源
地域住民（一般避難者）	一般避難者対応	不特定多数の避難者の受入れ	学校
			公民館・集会所
帰宅困難者			体育館
			神社・寺・宗教施設
乳幼児	子ども・女性対応	女性・乳幼児・妊婦の受入れ	保育施設
女性		復興支援者の託児サービス	
高齢者	高齢者・障害者対応	災害時要援護者の受入れ	高齢者施設
障害者			
その他	医療対応	負傷者・患者の治療	病院
		軽症患者の治療	医院、診療所
	支援・受援対応	支援・受援拠点	公園
		自宅避難者への支援	
	生活水支援	生活水の確保	池
			川

❶—都市が保有する災害時に活用できる可能性の高い施設

分類	内容	レーダーチャート例	分類	内容	レーダーチャート例
特化対応型	ある1つの対応力が高く、対応力の高い分類には支援が行き届く。ただし、それ以外の対応力が低いため、低いところに関しては、運営面などで工夫していく必要がある	a	高	すべての取組み度が高く、地域の取組みが進んでいる。自治会長、地域住民両方の意識が高い	a
多機能対応型	対応力の高い分類がいくつかあり、特化対応型よりも多くの面から支援を行うことが可能。ただし、対応力の低い分類もあるため、運営面などからの工夫も必要となる	b	中	1つの要素の取組み度が低い。他の要素は高いため、地域の取組みはある程度進んでいる	b
非対応型	対応力が全体的に低く、都市資源での支援が難しい。そのため、運営面からの支援や、他校区へ支援協力を求めるなどの対策が必要である	c	低	2つ以上の要素が低い。取組みがあまり進んでいない。自治会長または地域住民のどちらかの意識が低い可能性が高い	c

❷—その地域がもつ都市資源のバランス ❸—自治会の取組み度合い

a

都市資源のバランス

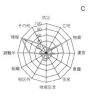
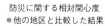

b

防災に関する絶対関心度

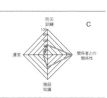

c

防災に関する相対関心度
＊他の地区と比較した結果

d

校区の取組み度合い

❹—合致型の例

おわりに──これからの防災に向けて──ディスカッション

本書で述べているとおり、防災という観点から見ると
建築・土木の両分野に共通するテーマは非常に多い。
近年ますます複雑化する災害に対して有効な防災を考えるうえで、
共通テーマを設定した両者の議論は不可欠である。
一方で、日本の大学では建築と土木は別の学科として
個別の教育を行っていることが一般的であり、
研究・教育における両者の接点は意外と少ないのが実情である。
ここでは、本書の執筆にかかわったメンバーに加え羽藤英二氏と
馮徳民氏をゲストに招き、2つの領域をまたがる
ディスカッションを試みた。テーマは以下の3つである。

[テーマ1]…大学における防災教育・研究のあり方
[テーマ2]…防災にかかわる技術開発とコスト、経済のとらえ方
[テーマ3]…建築・土木の連携、地域との連携の進め方

●

参加者（*建築、**土木、以下、敬称略）
[パネリスト]

大宮喜文*、菊池喜昭**、衣笠秀行*、
木村吉郎**、小島尚人**、佐伯昌之**、
塚本良道**、二瓶泰雄**

[ゲストパネリスト]

羽藤英二**（東京大学）、馮徳民*（フジタ）

[コーディネータ]

垣野義典*、宮津裕次*、栁沼秀樹**

大学における
防災教育・研究のあり方

分野横断的なアプローチへ

●柳沼————————日本の大学では建築と土木が別学科で個別に教育を行う
のが一般的ですが、一方で防災を考えたときには両者の分野を
超えた教育が必要になります。大学の防災教育、もしくは防災
研究という観点で、今後どういうものが必要になってくるのか
を、まず議論させていただければと思います。

柳沼秀樹（やぎぬま・ひでき）

●木村——幸いなことに日本の大学は、世の中から中立だと見られ
ています。とくに土木の分野では、あるプロジェクトに対して大学
がなにかを提供する場合、中立な立場からものを言っているととら
えてもらえます。そういう機関が日本の中にあることは、とても大
事なことです。極めて当たり前のことですが、その信頼に応えられ
る研究・教育を行うことが大切だと思っています。

木村吉郎（きむら・きちろう）

　教育の面でいうと、災害があったときにはできる限り学生を連れ
て現場に行くことが重要だと思います（❶）。被災地に足を運んで、
構造物がどのように壊れたのか、また壊れていない場合はなにがよ
かったのか、被災者はどのように生活しているのかなどを、実際に
肌で感じることが大事なことです。

●柳沼————————さまざまな分野の人間が協働して分野横断的なアプロー
チをする場合、あるいは他分野との融合を考えたときに、なに
が必要となるでしょうか。

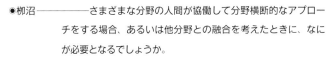

●塚本——地盤の液状化を例に分野横断を考えてみます。液状化と
いうと1964年の新潟地震の場合が有名ですが（❷）、実は1948年
に福井地震があって、そのときに液状化が起こっています。ご存知
のとおり1945年が終戦ですので、福井はだいぶ空襲を受けた町
だったわけです。それで、戦後になって建物が建っていきますが、
バラックでした。そこに地震が来て、火災が発生したのです。今と
は少々時間スケールが違いますが、さらにその何年か後には水害も
起こっています。何度も災害が重なり起きているところであります。

塚本良道（つかもと・よしみち）

　それで、われわれは、当時の人たちはなにを感じて、どう行動し

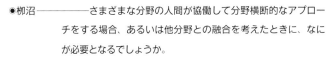

❶——被災地に行き、状況を肌で感じることが大事
（埼玉県越谷市における竜巻被害）

❷——1964年新潟地震時に液状化により傾いた
アパート

ただろうかと考えます。防災教育においては、このように当時の人
たちはなにを考え、どう行動したのかと思考を巡らせることが有効
なのです。大学生、大学院生たちも、実際に自分が被災したら、ど
う感じ、行動するかを考えることがすごく重要だと思っています。
想像することを通して、分野横断につながっていく感じですね。

　また、反対に、未来の人たちがわれわれのやっていることを感じ
るときが来ると思うのです。今、われわれがすることを、未来の人
たちが見てくれるはずだと考えることで、われわれの考える方向性
が決まってくる気がします。

●柳沼—————分野間の融合をどうすべきかと考える以前に、自分の分
　　　　　　野をしっかりと深掘りしたうえで過去に学ぶのがとても重要だ
　　　　　　ということですね。想像力を働かせて高い知識に昇華させ、そ
　　　　　　れをもって他の分野の人々と協働する。もしくは、お互いの考
　　　　　　えをぶつけ合うことが必要なのですね。最近は、オーラル・ヒス
　　　　　　トリーという分野もあって、その当時の方にお話を聞いて、そ
　　　　　　れを知識体系化し、後世に残していく試みもあります。建築分
　　　　　　野のハードな部分でも、例えば土質の分野でしたら、歴史研究
　　　　　　のかたちに仕向けていく取組みがあってもいいと感じました。

●衣笠———工学の分野でいい技術を開発した学生が卒業・就職して、

その分野で生きていくというときに、経済の世界で生きている人間に対して工学の必要性を主張できる教育が必要だと思いました。

例えばわれわれ工学分野の人間は、建物を長もちさせようと、100年使える住宅を建てようとする。ところが、経済分野では、建物経営で収益を上げるためには10年ぐらいが勝負で、その先の数十年というのはあまり重要と考えていない。建物のもつ価値と寿命の考え方が、建築分野と経済分野で大きく違うのです。ただ、経済の立場からは、それはそれで正しい考え方になります。それぞれの立場からは多様な考え方があるわけです。歴史も含め、そういうことも知ったうえで、工学的な観点を主張できる学生を世に送り出せたらと思います。

衣笠秀行（きぬがさ・ひでゆき）

総合防災とその誘導策

●垣野————本書の中で「複合災害」というキーワードが何度も登場します。さらに、「総合防災」というキーワードも出てきました（❸）。加えて、この総合防災という考え方も含めて、「誘導策」についてもご提示いただいています。これらを具体化するときに必要になるものはなんでしょうか。

垣野義典（かきの・よしのり）

●小島————災害の復旧・復興レベルとして、そのデータをどのように使い、情報をどのように住民に効率的かつ、継続的に発信するかを考えたとき、やはり産官学連携が必須であろうと思います（❹）。

ところが、学・産・官それぞれの中にも非常に多くの枠組みがあり、さらにその枠組み間で垣根があるのが実情です。建築と土木の

起こりうる火災被害への対応

広域火災等発生要因
⇨地震、強風、津波、高潮、洪水、干ばつ、土砂、噴火等
　⇨建物倒壊、道路損壊・閉塞、火の粉、瓦礫集積、漏電、水利不足等

広域火災を複合災害ととらえる
⇨複数の災害が同時・時間差で発生する可能性
　⇨災害シナリオ、被害想定（リスク）、ハザードマップ（避難施設配置、避難誘導）等

『総合防災』という研究領域

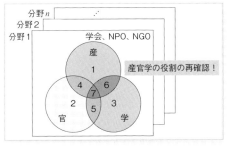

❸——「総合防災」の考え方　　　❹——「産官学連携」のイメージ

間にも垣根があることで、連携というゆるい言葉ではなく、お互いに積極的に誘導しないといけないと思うのです。洪水の複合災害もそうですが、諸体制と権限が集中する、継続性のある組織が必要だろうということです。膨大なフレームワークと情報を、ブレインストーミングとかKJ法、ブレインライティング等で分析したいところです。斜面災害・洪水・津波・社会基盤の維持管理・点検システム等々について、建築分野の人からアドバイスをいただけると、この研究が進んでいくと思っております。

●垣野————————そのことは、防災のもっとも根幹の部分になる議論かと思います。総合防災という観点からいかがでしょうか。

●大宮————学の分野を超えて産官学の連携・誘導といったお話がありましたが、非常に重要な点であり、まさに小島先生の言われるとおりだと思います。有機的に結びついて活動できるプラットホームが今後、鋭意継続しながらつくり上げていく必要があると思います。

　本書では、私は「総合防災」という言い方をさせていただきましたが、「複合災害」という言葉は何人かの執筆者も使われていて、当然、私も使うことがあります。要するに、そういった時間差がほとんどなく多重的に生じる災害を研究領域としてどう位置づけるかが重要となりますね。

　例えば、災害別ニーズのマトリックスですが（❺）、あれは研究者一人では到底対応できないような膨大な作業量と情報量が必要になってくると思います。まず、そういったことを俯瞰できる体系化

大宮喜文（おおみや・よしふみ）

❺—災害別ニーズのマトリックスの例

が必要となります。それが、ある意味での総合防災という研究領域のベースになると思いました。

　ただ、すぐに総合防災という研究領域を立ち上げようとしても、まだどこまで領域を拡げればいいのかがわからないところがあります。幅広く災害をとらえるためには、当然アウトソーシングも必要になってきます。

　こういう場でこのような議論ができたことが、そうしたことをいろいろ俯瞰して見ていくことのきっかけになればと思いました。

●宮津──────総合防災というフラッグを掲げたときに、大学教育という観点からはなにが重要となるのでしょうか。

宮津裕次（みやづ・ゆうじ）

●大宮──建築学科1年生の必修授業で建築防災概論という講義をもっています。そこで風災害や水災害などの話もしています。高校から大学に入学したての学生は、災害というと地震というイメージが最初に思い浮かぶことが多いようです。そのため、広く浅くにはなりますが、災害の種類、もう少し大きく災害というものを俯瞰して見られるように、建築防災概論の講義の中では地震のほかに水災害や風災害、そして火災などの話をしています。まずはさまざまな災害があることを教育することが必要であると思っています。

　ただ、やはり対象とする災害の範囲が拡がりますから、深くは教えられません。まずは多様な災害を俯瞰できるよう、学生の頭の中を整理させます。そして、彼らの頭の中に災害のマトリックスのようなものができれば、その中のどの災害がどの授業で埋まるのかということになるわけです。

　例えば建築学科の科目では、1年生から力学などいろいろありますし、2年生以降は鉄骨造、鉄筋コンクリート造等いろいろな講義もあります（❻）。材料関係でも災害に関することをやっていただいておりますので、自分自身でつくった災害のマトリックスがあると、そのあとの大学教育の中で、自分が今、なにを学んでいるかがイメージしやすくなっていくと思っています。当然、深く学ぶということ、自分でやっていくということも大事なのですが、まずは大きく俯瞰していくところが大事だと考えています。

●二瓶──土木分野から発言します。まず、日本の立地を考えると、1つの災害に詳しいだけでは、建築・土木の技術者としてはだめであり、いろいろな災害があることを取り敢えず俯瞰できることが必要最低限になっていると思っています。そういう意味で、東京

二瓶泰雄（にへい・やすお）

理科大学で実施している防災リスク管理コースがやっているオムニバスの授業は、その役割を果たしていると思います（❼）。

　一方で、こういう大学教育の話をするときには、「横も広くて、1つの専門も深いT型人間をめざしましょう」とよくいわれたりもします。たぶん、それはそのとおりなのでしょう。ただ、これだけいろいろな複雑な世の中になってくると、できれば専門をもう少し増やしたほうがいいのではないかということで、今では、T型ではなくπ型ですね。その深さはいろいろあっていいのですが、専門は2つ以上あったほうが望ましい。防災リスク管理コースがめざすべき1つの方向としては、そういうπ型人間をつくることではないかと思っています。

❻—建築学科における力学の講義の様子

❼—防災リスク管理コースでの英語プレゼンテーションによる分野横断交流

おわりに

防災にかかわる技術開発とコスト、経済のとらえ方

防災対策と費用便益

● 栁沼————防災対策にも当然費用がかかるわけですが、土木と建築のいずれにおいても、技術導入における費用便益、すなわち経済的観点から費用対効果を考えることが非常に重要となります。防災のための技術開発において、経済性と導入効果のトレードオフ関係をどう考えるべきでしょうか。はじめに土木の立場からのお考えを伺います。

● 菊池——まず、防災対策の優先度について考えてみます。学生や若い技術者の方々と防災の議論をしていると、「人命が大事だから、すべての場所や地域で100％人命は守らなきゃいけない」という意見をよく聞きます。でも、私はそう明快に言い切れるものではないと思っています。費用と時間を考えると、すべての場所や地域に対して同じレベルの防災対策を施すことは、とても現実的ではありません。重要度や対策の緊急度に応じて、資金の投入先を選択することがどうしても必要になります。当然のことながら、それは「費用便益」、すなわち政策の経済的な効率性も考慮した選択です。ただ、こういうことを言うのは技術者の性となりますが、命の危機にさらされた一個人にとっては身近な施設に十分な防災対策がされているのかいないのか、1か0の問題なんですね。技術者や学者は、トータルとして社会に利益があるか否かを考えるのですが、一般の市民に自身の生活圏以外のことまで考慮した判断を期待することは困難なことで、非常に難しい問題だと思います。

つぎに、技術に要するコストの話です。技術の中には、たとえ高価でも必要とされる技術があります。他の道具がなければそれを使わざるを得ないわけです。その技術が高いか安いかを単独で取り上げて議論するのは不可能で、高くても本当にいい技術であれば、絶対に必要であることだろうと思います。また、技術開発においては、ある目的のために開発したものがまったく異なる場面で役立った、ということが起こります。コストだけを意識するのではなく、

菊池喜昭（きくち・よしあき）

❽─制振ダンパを取り入れた木造住宅

本当に良い技術を開発するという姿勢が重要だと考えています。

●柳沼─────建築の観点からはいかがでしょうか？

●宮津──建築と土木で一番大きく違うのは、その物自体がだれに属するかという点だと思います。土木構造物は基本的には公共の物になりますが、建築物は個人や民間企業の財産になるケースが多いのです。

　とくに私が研究対象としている木造住宅は個人の財産になりますので、ひとり一人が消費者として経済性を考えるわけです。技術は良くても高価だと結局は買ってもらえないので、性能を重視しつつ、コスト意識も常にもつようにしています。しかし、性能には代えがたい場合もあるので、高くても性能の良い物もあるべきだと思っています。

　実は、木造住宅に制振技術を入れるというのは、ここ10年ぐらいで一般化してきています（❽）。ところが、そうなると市場原理が働いて、必ずしも好ましい性能を有していない物であっても、ある程度コストが安ければ普及してしまいます。もちろん、そなえが進むこと自体は良いことですが、最近はそういう問題もあると思っています。研究者・技術者としては、良い技術は良い技術として正当に評価されるシステムも考える必要があると思っています。

技術の価値と値段

●栁沼━━━━防災対策における技術の経済性を社会全体で考えるのか一個人で考えるのか、また防災対策を行う対象がだれに帰属するのかは、技術開発を進める段階でも、防災対策を実施する段階でも非常に重要なことですね。建築を経済の観点からはどのようにお考えでしょうか。

●衣笠━━最近は、なにかを開発した場合、性能が良いことを社会に主張していくと同時に、その性能がどのぐらいの値段に相当するものかを説明することが大切だと思うようになりました。技術の値段というのは合理的に決まるものではなくて、相場で決まるところがあります。一度決まって相場が定着すると、そこから抜け出せない世界です。そのため、ものすごく低い値段で設定されてしまうと、その技術のもつ可能性自体が消えてしまうことがあります。いい物をつくれば値段が上がるのかというと、必ずしもそうではないので、いい物が社会に広がらないことにもなりかねません。性能のいい物をつくったら、それに見合った値段をしっかりと主張していかないといけない。われわれもこの経済社会の中で生きていくものだとすると、その辺が重要だと思いました。

●栁沼━━━━性能に対して適正な評価がなされることが重要だということですね。確かに、専門技術の性能は専門家でなければわからない部分もあります。性能に対して適正な価格づけをするというのは、実は今までなかった視点だと思います。

　一方、土木計画や交通計画の分野では、「このサービスに対して、いくら払いますか？」という支払い意思額を聞く研究がなされています。さらに、経済学では、一方が他方に比べてより多くの情報をもっているといういわゆる「非対称性」を解消するために情報を自ら出していきます。「価格情報」というゲーム理論的な世界でもそういう議論がされていて、情報を出すことの有効性、価格を提示することの有効性はしっかりと示されていると思います。

　民間の研究者という立場からはいかがでしょうか。

●馮━━━技術の価値を社会に認めてもらうには、開発者側も宣伝活動や教育活動、普及活動といった努力をする必要があると思います。例えば免震技術に関していうと、BCP（事業継続計画）の意識の高ま

馮徳民（ひょう・とくみん）
フジタ　技術センター・主席コンサルタント、博士（工学）
著書：『免震構造-部材の基本から設計・施工まで-』（共著）オーム社、『JSCA版 S建築構造の設計』（中国語訳監修）オーム社、『Response control and seismic isolation of buildings』（共著）Spon Press

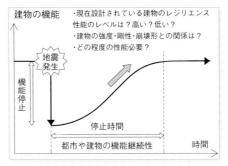

❾—事業継続計画（BCP）の考え方

りもあって超高層建物や病院施設などではけっこう使われています
し（**❾**）、最近では倉庫にもかなり使われています。インターネット
ショッピングの商品を預かる倉庫です。そこには非常に高価なもの
もあるので、預かる以上は品物に対する保証が必要だということ
で、構造躯体のみならず、建物の什器も保護できるという免震技術
の特徴が活かされています。これらは、開発者側が免震技術のメ
リットをさまざまな企業にアピールした成果だと思います。

　一方で、一般市民に対してはどうでしょうか。例えばマンション
を購入する場合、キッチンやお風呂の性能については懸命に議論さ
れますが、防災性能に関する議論はなかなかされません。そういう
意味で、技術者からもっと社会にアピールし、さらには関連知識の
普及活動をしていくことも必要だと感じています。

●柳沼─────技術の普及には受け手側の知識が問われるところもあり
　　　　　ますが、情報がまったくなければいくら良い技術でもアクセス
　　　　　されませんので、開発者側も開発した技術を社会にアピールす
　　　　　る努力を怠ってはいけないという指摘は重要だと思います。

　　　　　　技術開発というとハードの問題だと考えがちですが、良い技
　　　　　術を社会に正しく普及させるためには、技術の性能を適正に評
　　　　　価し値段を設定するシステムを整備するとともに、技術の良さ
　　　　　を社会に積極的に発信していくソフトの観点からの関与が重要
　　　　　であることを再認識しました。

おわりに

建築・土木の連携、地域との連携の進め方

ヘルスモニタリングの実際

●垣野━━━━━━日本の大学では建築と土木は別学科となっている場合が多いのですが、防災を考えるうえでは共通するテーマが多くあります。ここでははじめに、その1つとして災害時の構造物の被害度や安全性・健全性を診断するヘルスモニタリングという技術について考えます（136頁参照）。構造物に各種のセンサを設置してそのデータを分析する技術ですが、建築・土木に共通の問題と個別の問題があるように思います。各分野でどのように取り組まれているのでしょうか。

●佐伯━━━モニタリングの業界ではもともと、地震学の人たち、建築の人たち、土木の人たちも協力してやっていると思います。例えば、加速度計での無線センサネットワークがよくやられていますし（❿）、最近では、感震ブレーカですね。電気火災を防ぐためにブレーカのところにセンサが入っており、そのセンサの出す情報をもっと公に活用するという取組みです。民間がもっているセンサネットワークを、いかに公に活用していくかということです。

　また、地震直後にすぐに保険金を支払うことができるバックデータとして活用できるのではないかということで、保険会社の人たちが興味をもっています。ただ、そうなってくると、今度は「大きく揺れたから保険金を出すのか？」ということになりますから、加速度のデータの

佐伯昌之（さえき・まさゆき）

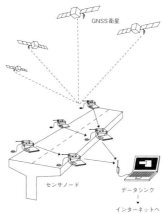

❿━無線センサネットワークの仕組み

もつ意味を真剣に議論しなければいけません。本来は「損傷を受けたから保険金を出す」はずなので、その加速度のデータから構造被害をいかに正しく推定するかという研究が必要となります。これについては建築でも土木でも共通のテーマです。

●宮津————建築でもヘルスモニタリングの重要性は増しています。一方で、建築物というのは個人の所有に帰することが多く、建物の損傷度が所有者の利害に直結することも多々あるため、第三者がヘルスモニタリングすることを許してくれないという問題も出てきます。その点は建築と土木で状況が違うかと思うのですが、いかがでしょうか。

●佐伯————それは、土木でも、建築でも、共通する悩みです。例えば建築のほうだと、家の所有者がモニタリングをするためのコストを避けるかもしれません。土木のほうでも、「モニタリングしたところでなにかいいことあるの」という理解だと、モニタリングに協力してくれません。

　最近は私の考え方もどんどん変わってきています。実はこの世の中には、防災が主たる目的ではないけれど、なんらかの目的をもって実装されているセンサがたくさんあります。

　例えば、家庭用ゲーム機でも、スマートフォンだって、中に加速度計だとかいろいろ入っていて、しかも、通信能力をもっているわけです。ですから、センサとして活用することだってできます。みんなに「無償でアプリを入れさせてもらえると嬉しいけど、いいかな？」と尋ねます。当然、「それ、なんのメリットがあるんですか？」となりますが、災害時の情報収集のためだと説明します。それで協力してくれる人がいれば、それでよしとします。それによってセンサが高密度化されるのではないかと、よく仲間うちでは話をしている状況です。

水害へのそなえ

●垣野————近年、各地で大規模な水害が発生しています。水害も建築・土木で共通するテーマの1つだと思いますが、建築の分野では、水害にどう対応すべきかが大きな問題になっています。この現状について、土木分野の先生方はどのように感じているでしょうか。

●二瓶————水害の被災地に行くと、建物被害がものすごいわけなんです。少なくとも、浸水の軽減や、濡れても比較的乾きやすく、復

旧・復興の容易な住宅の整備など、対策の立て方は十二分にあるのですが、建物の耐水対策はほぼされていなくて、一方的に被害を受けるだけですね。しかも、建築分野で興味をおもちの先生はまだまだ多くありません。

　一方で、耐水住宅を積極的につくっている建築メーカもあるようで、けっこう売れているらしい。つまり、それだけ水害への意識が国民に浸透してきているのです。私なんかも授業で学生たちに水害の話をし、「君たち、家を買うときは、水害がどこで起こるかをちゃんと見ながら考えなよ」と、よく言っています。おそらく、次世代は、水害の起きやすい危ないところに住まないだろうと思うのですが、今はまだまだ多くの人が危険なところに住んでいる状況ですね。

　流域治水の考え方がありますが、やはりみんなに水害対策をしてほしいですね。家を建てるときには、少しでも水を溜める雨水タンクや、水を染み込ませる浸透ますといった建築物に付随する装置を当たり前に入れるようにしてほしいと思っているのですが（❶）、これがまったくと言っていいぐらい拡がっていません。建築物をつくる建築士や設計士、さらには、いろいろな施工に携わる方々全員に水に対する意識をもってもらって、雨水タンクを置くのは当たり前（❷）、あるいは、浸透ますという屋根に降った雨を地中に染み込ませるバケツのような装置があるのですが、これを付けるのは当たり前となるのが、実は流域治水のあるべき姿だと思っています。

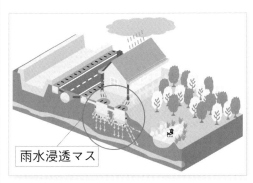

雨水浸透マス

❶—雨水浸透ますの考え方

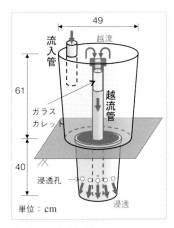

49
流入管　越流
61
ガラスカレット
越流管
40
浸透孔　浸透
単位：cm

❷—雨水タンクのしくみ

⓭—学校は地域の防災拠点。避難所として利用されている体育館

羽藤英二（はとう・えいじ）
東京大学工学部社会基盤学科
教授、博士（工学）
著書：『土木計画学ハンドブッ
ク』（共著）コロナ社、『東日本
大震災 復興まちづくり最前
線』（共著）学芸出版社

防災拠点としての学校

●柳沼―――――――防災を地域レベルで考えるときに、公共建築の1つである
　　　　　学校をいかに活用するかは重要な課題だと思います（⓭）。まさ
　　　　　に学校を拠点に生活をしている学生のみなさんに対して、学校
　　　　　と防災という観点からコメントをいただけますでしょうか。

●羽藤―――学生のみなさんは、災害時の避難所として学校を考える
ことが手っ取り早いと思います。防災や減災について考えるときに
最初に学校から考えることは、学生生活の拠点を対象とするという
点において教育としても取り組みやすいですし、学生自身がコミッ
トメントできる部分も非常に多くあると思います。その際に、施設
配置や交通ネットワーク等の土木的な視点を取り入れることにより
プランがもっとよくなることも少なくありません。例えば、子ども
たちは通学路を使って通学します。しかし、学校の統廃合をした場
合、かなり広い範囲から通学することになり、その範囲設定の妥当
性について考える必要性が出てきます。また、同時に高齢者の通院
の問題も発生するかもしれません。そうなったとき、地域の公共交
通をどういうふうに再現していくのか、さらに学校と病院をどうい
うふうな配置に再設計していくのかを考えなくてはなりません。

●垣野―――――――以前、愛知県の山間部と沿岸部、都市部の3つのエリアを
　　　　　比較しながら、学校がどうあるべきかを考えたことがありまし
　　　　　た。その中で、一番大変だったのは山間部の部分でした。
　　　　　　山間部では、隣町に行かなければ病院がなかったり、隣町に

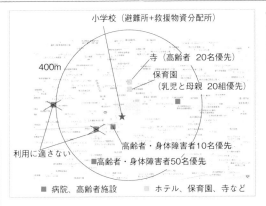

小学校（避難所＋救援物資分配所）

400m

寺（高齢者　20名優先）

保育園
（乳児と母親　20組優先）

利用に適さない

高齢者・身体障害者10名優先

■高齢者・身体障害者50名優先

■　病院、高齢者施設　　　□　ホテル、保育園、寺など

行かなければ学校がなかったりという状況が、容易に起こっています。その中で、どのように交通ネットワークや土木的視点を考慮しながら学校を考えるかということが重要だと思います。

●羽藤―――建築の学生も一緒に災害のデータを使い、それらをGIS（地理情報システム）により地図上に可視化し分析することで、学校の配置計画も考えられるのではないでしょうか（⓮）。例えば、地域の防災拠点にするならどこが適しているのかを一緒に考える場面があってもよいのではないかと思います。

●垣野―――――それは、今、学校の統廃合がどんどん進む中では、非常に大事な視点だと思います。そういう視点を自治体、および市町村がもってくれれば、より話が進みやすくなります。野田市、流山市、柏市などと東京理科大が一緒に取り組むことは可能かもしれません。例えば大学の授業における演習の一環として、大学生が小中学校で防災ワークショップをするなどのかたちで市町村の中に積極的に入っていけば、地域交流のみならず学校という場を通して地域の防災力を上げることにもつながり、市民や町民、村民も喜ぶと思います。

これからの都市のかたちと計画論

●羽藤―――首都圏でも大型化した台風の襲来が年々増えています。このような異常気象が頻発する中では、大規模避難が必要になったとき、どのような経路で、どこに避難するのかが大切です。まず、第一避難として考えられるのは、地域の学校、あるいは自治会館などの一時避難所です。さらに大規模な避難が必要になった場合には、柏市や野田市など市境を越えて、もっと遠くに避難するという

ように、段階的な避難計画が必要だと思います。その際に必要になるのは、道路のネットワークであり（102頁参照）、道路整備の評価と、乗り換える拠点だと思います。建築側と道路側が一体になった大規模避難のオペレーションを構築することが、非常に重要なテーマだと思います。

●栁沼────建築と土木は、災害という問題に対して、両輪でアプローチしないといけないと改めて感じました。点と線をつなぎ、ネットワーク全体としてどうマネージするのか、どう避難させるのか、さらにそれらをどのような時間軸に沿ってやるのかをわれわれは考えなければいけないと思います。もちろん、そういう要素技術は開発されつつあります。しかし、それらを統合するような枠組みはまだ出来上がっていないどころか、現場への提案すらない状態です。今後、研究そして実践していかなければならない点だと思います。

●羽藤────今は、コロナ禍の影響を受け、リモートワークによって人が動かなくなっています。ですから、今後は都市のかたちが非常に大きく変わるといわれています。現状の駅街のような東京、首都圏の像ではなく、まったく違う地域のあり方が想定される中では、人がより居住空間に近いところで過ごす、いわゆる「島化」が進むと考えられます。それによって、クオリティ・オブ・ライフ（QOL）をどう上げていくのか、その中で、災害が起こった場合の避難の方法や人命の守り方、そしてどのように地域をマネジメントしていくのかについて考えなければなりません。災害はトレンドを加速させますから、リモートワークを体験したわれわれが、新たな暮らし方、新たな都市像を希求していかなければなりません。

●栁沼────新型コロナウイルスが発生する前から、すでに外出率や人々の動き方の変化はデータにもとづいて観測されていました。そして、その原因の1つがICT（情報通信技術）だといわれています。今までは、本を買うために書店に行く、あるいは映画を観るために映画館に行くというアクティビティでしたが、今は、映画などの映像を配信するネット通販に置き換わっています。それらの動きが、さらに新型コロナウイルスによって加速しています。その中で、まだ都市の計画論が追いついていないところと現実の動向を、今後どのように擦り合わせていくのかを、しっかり考えていく必要があると感じました。

写真・図版クレジット

Ⅰ章

Ⅰ-1

❼新潟県HP

⓫北海道HP

Ⅰ-5

❶気象庁HP、「震度について」
(https://www.jma.go.jp/jma/kishou/know/shindo/index.html)

❷防災科学技術研究所、気象庁、建築性能基準推進協会（防災科学技術研究所K-NET、熊本県の地震記録を利用）

Ⅰ-6

❶防災科学技術研究所、関西地震観測研究協議会、気象庁、建築研究所HP、およびUR都市機構・鴻池組の共同観測データもとに作成

Ⅰ-7

❶防災科学技術研究所、気象庁（防災科学技術研究所K-NET、熊本県の地震記録を利用）

Ⅰ-10

❶日本建築学会『1968年十勝沖地震災害調査報告』昭和43年12月

❻国土交通省国土技術政策総合研究所 独立行政法人建築研究所「平成23年（2011年）東北地方太平洋沖地震被害調査報告」平成24年3月

Ⅰ-13

❷日本建築学会「2016年熊本地震災害調査報告」

❸九州大学神野達夫教授らによる調査報告より

Ⅰ-16

❷国土技術政策総合研究所および建築研究所の被害調査報告

Ⅰ-19

❷神戸市

❹土木学会緊急地震被害調査報告会

Ⅰ-20

❻下館河川事務所

Ⅱ章

Ⅱ-1

❷東北地方太平洋沖地震津波合同調査グループによる調査結果

❸消防庁災害対策本部「平成23年（2011年）東北地方太平洋沖地震（東日本大震災）について（第157報）」をもとに整理

Ⅱ-3

❺タジマモーターコーポレーション

❻信貴造船所

Ⅱ-4

❷日本製鉄の資料に加筆

Ⅱ-8

❶龍岡文夫氏提供

❺浦安市HP、浦安震災アーカイブ(http://urayasushinsaiarchive.city.urayasu.lg.jp/special/page_01/)より

❼北詰昌樹氏提供

Ⅱ-11

❸、❹、❺、❻、❽日本風工学会風災害研究会『強風災害の変遷と教訓　第2版』2011

Ⅱ-12

❶日本風工学会HP(www.jawe.jp)より

Ⅱ-13

❶日本鋼構造協会「風を知り風と付き合う―耐風設計入門」(『JSSCテクニカルレポートNo.94』)

Ⅱ-14

❶Meecham, Surry, Davenport, *Journal of Wind Engineering and Industrial*

Aerodynamics, Vol.38, pp.257-272, 1991

❸気象庁(www.jma.go.jp)

Ⅲ章

Ⅲ-1
❶国土交通省東北地方整備局震災伝承(https://infra-archive311.jp/s-kushinoha.html)

Ⅲ-2
❶Daisuke FUKUDA, Ryosuke FUJITA, Hideki YAGINUMA, *ANALYZING THE EFFECTS OF THE ROLLING BLACK-OUTS ON RAILWAY SERVICE IN THE TOKYO METROPOLITAN AREA AFTER THE 2011 GREAT EAST JAPAN EARTHQUAKE*, Journal of JSCE, Vol.1, No.1, pp.479-489, 2013,

Ⅲ-3
❷国交省資料より抜粋(p.2)(https://www.mlit.go.jp/road/ir/ir-council/ict/pdf05/02.pdf)

❸国交省資料より抜粋(https://www.mlit.go.jp/road/ITS/j-html/etc2/pdf/01.pdf)
上記リンクの画像と参考資料p.4の画像を利用

Ⅲ-4
❶、❸島村聡、柳沼秀樹、寺部慎太郎、田中晧介、康楠、豪雨災害を対象としたデータ駆動型経路選択モデルの構築、土木計画学研究・講演集、Vol.57, pp16-21, 2018

Ⅲ-6
❶河北新報社提供

Ⅲ-9
❶❸❹❺国土交通省住宅局住宅生産課「応急仮設住宅建設必携中間とりまとめ」2012年5月
❷東京大学高齢社会総合研究機構

Ⅲ-10
❶Shigeru Ban Architects
❸、❹国土交通省住宅局住宅生産課「応急仮設住宅建設必携中間とりまとめ」2012年5月
❺『鹿児島県の取組について―既存施設を活用した応急仮設住宅の取組―』2013年2月

Ⅳ章

Ⅳ-6
❷永野正行、ほか：2011年東北地方太平洋沖地震時の強震記録に基づく関東・関西地域に建つ超高層集合住宅の動特性、日本地震工学会論文集　第12巻、第4号(特集号)、pp.65-79, 2012.9

Ⅳ-9
❷国土審議会政策部会長期展望委員会「国土の長期展望」(中間取りまとめ)、2011年2月2日

Ⅳ-11
❶、❸地震調査推進本部
❷https://www.jishin.go.jp/main/chousa/20_yosokuchizu/yosokuchizu2020_tk_2.pdf

Ⅳ-13
❶国土交通省 社会資本整備審議会道路分科会 第12回事業評価部会 道路の防災機能評価手法(暫定案)の改訂について、2015年12月21日(https://www.mlit.go.jp/common/001114203.pdf)

Ⅳ-14
❶「環境白書」掲載
❷国土交通省資料

Ⅳ-16
❶東京都水道局、2006

Ⅳ-18
❶「https://www.royal-co.net/column/

写真・図版クレジット

store-safety-management/emergency-
training-2/」をもとに作成
❷河北新報社提供
❹岡山県赤磐市
❺レンゴー
❼滋賀県江南市
❽避難所・避難生活学会「COVID-19禍での水
害時避難所設置について」令和2年4月15日
をもとに作成

引用・参考文献

Ⅰ章

Ⅰ-12

1)土木学会『2007年制定コンクリート標準示
方書 設計編』

2)Terumi Touhei, Taizo Maruyama, "In-
ternational Journal of Solids and
Structure", Vol. 169, pp.187-204, 2019
(https://doi.org/10.1016/j.ijsolstr.
2019.04.019)

Ⅰ-19

1)国土交通省気象庁、「強震波形」(平成7年
(1995年)兵庫県南部地震)(https://www.
data.jma.go.jp/svd/eqev/data/kyoshin/
jishin/hyogo_nanbu/index.html)

2)神戸市、<阪神・淡路大震災「1.17の記録」>
(http://kobe117shinsai.jp)

3)国土交通省気象庁、「強震波形」(平成23年
(2011年)東北太平洋沖地震)
(https://www.data.jma.go.jp/svd/eqev/
data/kyoshin/jishin/110311_tohoku
chiho-taiheiyouoki/index.html)

4)睦好宏史・岡野素之・岩城一郎・内藤秀樹「東
北地方太平洋沖地震被害調査報告」(土木構造
物)(『コンクリート工学Vol. 50』No. 1, pp.
75-82)、2012

5)土木学会東日本大震災被害調査団(地震工学
委員会)緊急地震被害報告書

6)土木学会東日本大震災被害調査団(地震工学
委員会)緊急地震被害調査報告会
(2011/4/11)講演資料 津波による橋梁の
被害(九州工業大学 幸左賢二)

7)内閣府 防災情報のページ(http://www.
bousai.go.jp/kohou/kouhoubousai/

h23/63/special_01.html)

Ⅱ章

Ⅱ-10

1)Chung,C.F. and Fabbri,A.G.: Probabilistic prediction models for landslide hazard mapping, *Photogrammetric Engineering & Remote Sensing*, Vol.65, No.12, pp.1389〜1399,1999

2)Lee, S., Choi, J. and Min, K.: Probabilistic landslide hazard mapping using GIS and remote sensing data at Boun, Korea, *International Journal of Remote Sensing*, Vol.25, No.11, pp.2037〜2052,1999

3)Kojima, H. and Obayashi, S.: An inverse analysis of unobserved trigger factor for slope stability evaluation, *Computers & Geosciences, Special Issue, Spatial Modeling for Environmental and Hazard Management*, Vol.32, Issue 8, pp.1069〜1078, 2006.10

4)大林成行、小島尚人「村上達也：侵食崩壊を伴う急傾斜地を対象とした場合の危険箇所評価方法の一提案」(『土木学会論文集』No.567/Ⅵ-35, pp.225〜236, 1997年6月)

5)Kojima, H., Chung, C.F. and van Westin, C.J.: Strategy on the landslide type analysis based on the expert knowledge and the quantitative prediction model, *International Archives of the International Society for Photogrammetry & Remote Sensing*, Vol.33, Part-B7, pp.701〜708, 2000.7

6)Chung, C.F., Kojima, H. and Fabbri, A.G.: *Applied Geomorphology: Theory and Practice, Stability analysis of prediction models applied to landslide hazard mapping*, John Wiley & Sons Publication, pp.3〜19, 2002.4

7)大林成行、小島尚人、Chung, C.F.「斜面安定性評価モデルの精度比較とその実用化への提案」(『土木学会論文集』No.630／Ⅵ-44, pp.77〜89, 1999年9月)

8)田口靖朋、小島尚人「斜面崩壊に関わる異種誘因広域逆推定アルゴリズムの一提案」(『土木学会論文集F』Vol.68, No.4, pp.542〜554, 2009年12月)

Ⅲ章

Ⅲ-1

1)清田裕太郎，岩倉成志，野中康弘「東日本大震災時のグリッドロック現象に基づく都区内道路のボトルネック箇所の考察」(『土木学会論文集』D3(土木計画学), VolⅠ.70, No.5, Ⅰ1059-Ⅰ1066, 2014)

Ⅳ章

Ⅳ-9

1)国土審議会政策部会長期展望委員会：「国土の長期展望」中間取りまとめ、2011.2.21.

Ⅳ-11

1)ハザードマップポータルサイト(https://disaportal.gsi.go.jp/)

2)地震ハザードステーション(https://www.j-shis.bosai.go.jp/)

Keywords索引

著者プロフィール

防災リスク管理研究会

【編集委員会】

大宮喜文（おおみや・よしふみ）
現在、東京理科大学理工学部建築学科教授
1967年東京都生まれ。東京理科大学大学院博士課程修了、博士（工学）、一級建築士
著書：『基礎火災現象原論』（共訳）共立出版、『建築物の火災荷重および設計火災性状指針』（共著）丸善出版
★執筆箇所＝Ⅱ章15、16、17、18、19
おわりに（ディスカッション）

垣野義典（かきの・よしのり）（編集幹事）
現在、東京理科大学理工学部建築学科教授
1975年京都市生まれ。東京大学大学院博士課程修了、博士（工学）
著書：『北欧流「普通」暮らしから読み解く環境デザイン』（共著）彰国社、『まちの居場所—ささえる/まもる/そだてる/つなぐ』（共著）鹿島出版会
★執筆箇所＝序2　Ⅱ章3　Ⅲ章5、6、7、8　Ⅳ章17、18、19　おわりに（ディスカッション）

東平光生（とうへい・てるみ）
現在、東京理科大学理工学部土木工学科教授
1958年生まれ。早稲田大学理工学研究科修士課程修了、博士（工学）（東京工業大学）
★執筆箇所＝Ⅰ章4、9、19

永野正行（ながの・まさゆき）（編集幹事）
現在、東京理科大学理工学部建築学科教授
1964年東京都生まれ。早稲田大学大学院修士課程修了、博士（工学）、一級建築士
著書：『学びやすい建築構造力学—力の釣合いから振動まで』（編著）コロナ社、『建築振動を学ぶ—地震から免震・制震まで』（共著）理工図書、『理工系の基礎　建築学』（共著）丸善出版
★執筆箇所＝序1　Ⅰ章1、2、3、5、6、7、8、18　Ⅳ章6

宮津裕次（みやづ・ゆうじ）（編集幹事）
現在、東京理科大学理工学部建築学科准教授
1983年福岡県生まれ。早稲田大学大学院博士後期課程単位取得退学、博士（工学）、一級建築士
★執筆箇所＝序1　Ⅰ章1、13、14、15、16、18　Ⅳ章2　おわりに（ディスカッション）

栁沼秀樹（やぎぬま・ひでき）（編集幹事）
現在、東京理科大学理工学部土木工学科准教授
1982年福島県生まれ。東京工業大学大学院博士課程単位取得退学、博士（工学）
著書：『土木計画学ハンドブック』（共著）コロナ社、『理工系の基礎　土木工学』（共著）丸善出版
★執筆箇所＝Ⅲ章1、2、3、4　Ⅳ章11、13　おわりに（ディスカッション）

【執筆者】

井上　隆（いのうえ・たかし）
現在、東京電機大学　研究推進社会連携センター客員教授。東京理科大学名誉教授
1954年富山県生まれ。東京大学大学院修士課程修了、工学博士、一級建築士
著書：『環境工学教科書』（共著）彰国社、『Advanced Envelopes』（共著）IEA、『環境建築』読本（共著）彰国社、『PASSIVETOWN』（共著）a＋u
★執筆箇所＝Ⅳ章14、15、16

岩岡竜夫（いわおか・たつお）
現在、東京理科大学理工学部建築学科教授
アトリエ・アンド・アイ岩岡竜夫研究室主宰
1960年長崎市生まれ。東京工業大学大学院
博士課程修了、工学博士、一級建築士
著書：『図　建築表現の手法』（シリーズほか4
冊）図研究会（共著）東海大学出版部ほか、『建
築構成学』（共著）実教出版、ほか
建築作品には、〈アビタ戸祭〉（共同設計）栃木
県宇都宮市、〈乃木坂ハウス〉東京都港区、ほか
★執筆箇所＝Ⅲ章9、10

片岡智哉（かたおか・ともや）
現在、愛媛大学大学院理工学研究科生産環境工
学専攻准教授
1983年三重県生まれ。豊橋技術科学大学大
学院博士課程修了、博士（工学）
著書：『理工系の基礎　土木工学』（共著）丸善出
版
★執筆箇所＝Ⅱ章1、2

加藤佳孝（かとう・よしたか）
現在、東京理科大学理工学部土木工学科教授
1971年静岡県生まれ。東京大学大学院修士
課程中退、博士（工学）
著書：『鉄筋コンクリートの材料と施工』（共著）
鹿島出版、『ゼロから学ぶ土木の基本　コンク
リート』（共著）オーム社、『コンクリート構造
診断工学』（共著）オーム社
★執筆箇所＝Ⅳ章9、10

兼松　学（かねまつ・まなぶ）
現在、東京理科大学理工学部建築学科教授
1972年大阪生まれ。東京大学工学研究科建
築学専攻　博士課程中退、博士（工学）
著書：『ベーシック建築材料』（共著）彰国社

★執筆箇所＝Ⅳ章8

菊池喜昭（きくち・よしあき）
現在、東京理科大学理工学部土木工学科教授
1958年神奈川県生まれ。東京大学大学院修
士課程修了、博士（工学）、技術士（建設部門）
著書：『理工系の基礎　土木工学』（共著）丸善出版
★執筆箇所＝Ⅱ章4、8、9　おわりに（ディス
カッション）

北村春幸（きたむら・はるゆき）
現在、東京理科大学特任副学長・名誉教授
1952年兵庫県生まれ。神戸大学大学院修士
課程修了、博士（工学）、構造設計一級建築士
著書：『性能設計のための建築振動解析入門（第
2版）』彰国社、『JSCA編・応答制御設計法』（共
著）彰国社、『長周期地震動と超高層建物の対
応策』（共著）日本建築学会
★執筆箇所＝Ⅰ章17、18　Ⅳ章3

衣笠秀行（きぬがさ・ひでゆき）
現在、東京理科大学理工学部建築学科教授
1963年高知県生まれ。東京理科大学大学院
後期博士課程修了、工学博士
著書：『はじめて学ぶ鉄筋コンクリート構造』（共
著）市ヶ谷出版社
『理工系の基礎　建築学』（共著）丸善出版
★執筆箇所＝Ⅰ章10、11、12　Ⅳ章1、7
おわりに（ディスカッション）

木村吉郎（きむら・きちろう）
現在、東京理科大学理工学部土木工学科教授
1963年神奈川県生まれ。オタワ大学大学院
博士課程修了、Ph.D.
著書：『Wind Resistant Design of Bridges
in Japan』（共著）Springer、『Innovative

著者プロフィール

Bridge Design Handbook』(共著)
Butterworth-Heinemann、『風工学ハンドブック』(共著)朝倉書店
★執筆箇所＝Ⅱ章11、12、13、14　おわりに(ディスカッション)

小島尚人(こじま・ひろひと)
現在、東京理科大学理工学部土木工学科教授
東京理科大学理工学部土木工学科卒。企業を経て現在に至る。博士(工学)。土木学会フェロー
著書:『基礎からわかるリモートセンシング』(共編著)理工図書、『実務者のためのリモートセンシング』(共著)フジ・テクノシステム
★執筆箇所＝Ⅱ章10　おわりに(ディスカッション)

佐伯昌之(さえき・まさゆき)
現在、東京理科大学理工学部土木工学科教授
1975年山口県生まれ。東京大学大学院博士課程修了、博士(工学)
著書:『ゼロから学ぶ土木の基本　構造力学』内山久雄(監修)・佐伯昌之(著)、オーム社
★執筆箇所＝Ⅳ章5　おわりに(ディスカッション)

塚本良道(つかもと・よしみち)
現在、東京理科大学理工学部土木工学科教授
1965年東京都生まれ。東京大学卒業、英国ケンブリッジ大学大学院博士課程満期退学、Ph.D.
著書:Tsukamoto, Y. and Ishihara, K. (2022) "Advances in Soil Liquefaction Engineering", Springer.
★執筆箇所＝Ⅰ章20、21、22　Ⅳ章4　おわりに(ディスカッション)

二瓶泰雄(にへい・やすお)
現在、東京理科大学理工学部土木工学科教授
1969年東京都生まれ。東京工業大学大学院修士課程修了、博士(工学)
著書:『土木の基礎固め　水理学』(共著)講談社、『環境水理学』(共著)丸善
★執筆箇所＝Ⅱ章5、6、7　おわりに(ディスカッション)

安原　幹(やすはら・もとき)
現在、東京大学大学院工学系研究科建築学専攻准教授。SALHAUS共同主宰
1972年大阪府生まれ。東京大学大学院修士課程修了、一級建築士
作品:〈陸前高田市立高田東中学校〉、〈大船渡消防署住田分署〉、〈守口市立図書館〉
★執筆箇所＝Ⅳ章12

都市防災がわかる本

2022年10月10日　第1版　発　行

著作権者と
の協定によ
り検印省略

編　者　防災リスク管理研究会

発行者　下　　出　　雅　　徳

発行所　株式会社　彰　国　社

自然科学書協会会員
工学書協会会員

162-0067　東京都新宿区富久町8-21

電話　03-3359-3231（大代表）

振替口座　00160-2-173401

Printed in Japan

© 防災リスク管理研究会　2022年

印刷：壮光舎印刷　製本：中尾製本

ISBN978-4-395-32182-7　C3052

https://www.shokokusha.co.jp

本書の内容の一部あるいは全部を、無断で複写（コピー）、複製、および磁気または光記録
媒体等への入力を禁止します。許諾については小社あてにご照会ください。